はじめに

人生を終えるまでに、書いておきたい本が3つある。1つは、これまでの人生のなかで他者から教わり、多くの人に伝えておきたいことを100話、パッケージにする本だ。仮称「G100」と呼んでいる。Gとはギフト(贈り物)、ギブ、レガシーを意味する。この「G100」だが、僕だけがまとめるのではない。世界中の人が人生で学んだことを書き遺していく世界的なムーブメントにしたいと思っている。

書きたい本の2つ目は、この10年ほど取り組んできた古典的編集手法AtoZのつくり方に関する本だ。Local AtoZと呼んでいる。

書きたい本の3つ目は、これまでの人生のなかでつくってきたコンセプトやキーワード、試してきたことをまとめた本だ。ありがたいことに、いま手に取ってくださっている本書はこの本となる。

本書はいままでの人生のなかで描いながら僕が考えた88のコンセプト集である。小さな農と天職を組み合わせた「半農半X」はその代表的なことばだが、半農半Xも88の1つで、計88個という位置づけだ。これまでの人生を振り返ると、京都の綾部で生まれ、伊勢での4年間、就職した大阪（新大阪、守口）での暮らし約4年間をのぞくと、すべて京都でお世話になってきた。

以下が本書の章立てとなる。1章は子ども時代からフェリシモ時代（嵐山、一乗寺）、2章は半農半Xからの学びを中心に（綾部）、3章はNPO法人「里山ねっと・あやべ」での学びを中心に（綾部）、4章は2016年に開学した地域系の公立大学「福知山公立大学」での学び、試みを中心に（福知山）。5章は京都市立芸術大学博士後期課程での学びを中心としている（京都など）。そして6章はみんながライフワークを探究し合う1人1研究所社会など、めざしゆく世界について、未来に託すコンセプトをまとめ記している。88のコンセプトのうち、どれか1つでも今後の人生に、まちづくりに、未来の教育などに活かされたらうれしい。88話には僕からの「問い」も添えている。自問いただけたらと願う。また京都に関する関連情報（人、取り組みなど）も添えている。京都の「もう1つのガイド」となれば幸いだ。

人生の多くを京都で過ごし、京都府内で考え、生まれた思索をまとめたい。京都新聞の丹後・中丹版で7年間ほど、「風土愛楽」というエッセイを書かせていただいてきたご縁で、本書を京都新聞出版センターから世に送り出してもらえることになった。チャレンジある意思決定に感謝したい。

第2章 半農半Xからの学び 綾部（1999～至現在） 39

第４章　福知山公立大学からの学び

第5章　京都市立芸術大学博士後期課程からの学び

塩見直紀ブックガイド　◆主な書籍（単著、共著など）

単著『半農半Xという生き方【決定版】』
塩見直紀 著／ちくま文庫／2014
→【翻訳版】韓国2015、ベトナム2022
2003年に出た初単著に1章を加え、待望の文庫化。
2023年は発刊20年のメモリアルイヤー！

共編著『半農半X～これまで・これから』
塩見直紀 藤山浩 宇根豊 榊田みどり 編／創森社／2021
全国の「多様な半農半X」の実践者報告と思想家・宇根豊さんらの貴重なメッセージ集！

共著『日本農業への問いかけ―「農業空間」の可能性』
桑子敏雄 浅川芳裕 塩見直紀 櫻井清一 著／ミネルヴァ書房／2014
シリーズ・いま日本の「農」を問う（全12巻）の1冊。同シリーズ『社会起業家が〈農〉を変える』も推薦！

単著 新装版『半農半Xという生き方 実践編』
塩見直紀 著／半農半Xパブリッシング／2012
2006年にソニー・マガジンズから出た本を「1人出版社・半農半Xパブリッシング」から新装刊！

インタビュー『就職しない生き方―ネットで「好き」を仕事にする10人の方法』
インプレスジャパン編集部 編／インプレス／2010
堀江貴文さんや西村博之（ひろゆき）さんなどそうそうたるメンバーになぜか加えてもらっています。

共編著『土から平和へ―みんなで起こそう農レボリューション』
塩見直紀と種まき大作戦 編著／コモンズ／2009
半農半歌手のYaeさんが代表をつとめる「種まき大作戦」と編んだ平和への願い。

部分執筆『京の田舎ぐらし―18の新しいライフスタイル』

京の田舎ぐらしふるさとセンター 編、京都新聞出版センター、2008

京都府への移住促進のために発案。ピアノデュオのザイラー夫妻などの取材とメッセージ原稿が載っています。〈在庫なし〉

共編著『半農半Xの種を播く―やりたい仕事も、農ある暮らしも』

塩見直紀と種まき大作戦 編／コモンズ／2007

若い世代に向けて編まれたビジュアル本。メッセージのほか、「半農半XのこころAtoZ」「半農半XQ＆A」も掲載。

単著『綾部発 半農半Xな人生の歩き方88』

塩見直紀 著／遊タイム出版／2007

→【翻訳版】台湾2013、中国2015

インスパイアされることばを交えながら、半農半Xな綾部人88人を紹介した元気の出るエッセイ集！

単著『半農半Xという生き方 実践編』

塩見直紀 著／ソニー・マガジンズ／2006

2003年の初単著に続き、ソニー・マガジンズから出た続編。本書は在庫ゼロですが、新装版をお読みいただけます。

（中国語版表紙）

単著『半農半Xという生き方』

塩見直紀 著／ソニー・マガジンズ／2003（新書化2009）

→【翻訳版】台湾2006、中国2013、2016新装刊

日経新聞に半農半Xが大きく紹介され、書籍化の声がかかり、誕生。半農半Xブームに火をつけた本です。

部分執筆『青年帰農―若者たちの新しい生きかた』

増刊現代農業編集部 編／農山漁村文化協会／2002

「増刊現代農業」の甲斐良治編集長から原稿依頼があり、半農半Xを初詳述。半農半Xが世に出たデビュー本です。

塩見直紀ワークブック、ワークシート

◆綾部ローカルビジネスデザイン研究所刊

❶「ローカルビジネスのつくり方問題集」2015 ★500円

合気道発祥地、グンゼのTシャツ、茶、里山風景。地域資源を活かしたアイデア創出のための問題集【綾部編】です！

❷「じぶん資源とまち資源の見つけ方」2016 ★500円

それぞれの人が有する宝もの。まちや村の地域資源。1冊の冊子で見える化できるワークブックをつくりました！

❸「A to Z が世界を変える！」2017 ★500円

古典的編集手法 A to Z をもっと自己探求やまちづくりなどに使ってほしくて、1冊のワークブックにしてみました。

❹「ローカルビジネスデザイン研究所のつくり方」2017 ★500円

いろいろな地域で地域資源を活かしたなりわい創造をデザインする研究所ができたらと願っています。

❺「地域資源発見シート」2017 ★無料 ※A3両面、メール送信可

A3サイズ両面の簡単なシートですが、地域資源をみんなで発見し、アイデアを出し合える工夫を凝縮！

◆半農半Xパブリッシング刊

❻「半農半Xデザインブック～翼と根っこと」2008 ★500円

1泊2日のワークショップ「半農半Xデザインスクール」のために作った原点的なワークブックです。

❼「かくまち BOOK ～「書く」という観点からのまちづくり」2012

歩くこと、語り合うことがまちづくりに大事ですが、書くことの可能性ももっとあるはず！

◆スモールビジネス女性起業塾刊

❽「スモールビジネスのつくり方問題集」2017 ★1000円

スモールビジネス女性起業塾でワークショップを4年間おこなってきて、こんな冊子があればと作ってみました！

◆AtoZ ／ Local AtoZ シリーズ

❾ webサイト「AtoZ MAKERS」https://atozconcept.net/

※みなさんのAtoZ作品（CDジャケットサイズ、16頁）を公開しています☆

古典的編集手法AtoZを使い、人や地域（市町村～集落）等の魅力をCDジャケットサイズに冊子化した作品集です。

◆福知山公立大学ゼミ作品

⑩「コンセプトゼミ―コンセプトメーカーになるための問題集」2020 ※配布可

コンセプトメーカーになるための練習問題を52問、学生とつくってみました。ぜひ回答してみてください。

⓫「アイデアブック―地域資源から新しいアイデアを生み出す問題集【福知山編】」2018 ※メール送信可

福知山の地域資源を活かして、何ができるか？アイデアを生み出すための20の問いかけをつくってみました。

⑫「エックス系移住」2020

全国の市町村単位にどんな移住があるか、調べて見えてきたものを学生が新たな切り口で再編集してみました。

⑬「天職観光」2019

天職観光（天職のヒントを探す旅）の観点から、奈良、鳥取、島根、岡山出身の学生が行くべき地をリストアップ！

⑭ 福知山市「明智光秀×福知山アイデアブック」2020

NHK大河ドラマ「麒麟がくる」にあわせて制作（発行：福知山市）。明智光秀公に学ぶまちづくり、若い世代向けのワークブックです。

◆地域資源から新しいアイデアを生み出す問題集【全国の市町村編】

⓯ webサイト「IDEA BOOKS MAKERS」https://ideabookconcept.net/

※福知山公立大生等のIDEA BOOK作品を公開しています☆

自分の故郷（市区町村）の地域資源を活かし、新たなアイデア創出のための問題集のバックナンバーを公開しています。

★は郵送で入手可能　☆はwebで入手可能　⑩⑫⑬⑭は未公開

AtoZとは？

(例)「塩見直紀AtoZ」▶215頁

AtoZとは、「最初（A）から最後（Z）まで」「全部の」「すべての」という意味です。筆者（塩見直紀）は、10年ほど前から、A～Zを使ったキーワードを抽出することにより、ひとや地域（市町村～集落）などの魅力の可視化、再編集、再整理するツールとしての可能性を探ってきました。一定の成果が得られたことから、個人の自己探求や、学校での探究学習、生涯学習、まちづくり、起業等での情報発信などへの活用を提案しています。

特にAtoZをそれぞれの地域でもっと活用してほしいことの意味も込めて、「Local AtoZ」と名づけ、さらなる展開を目指しています。

AtoZの活用方法 例

AtoZのやりかたに決まりはありません。ルールはなく気軽に始められるところが魅力です。

❶地域（市町村～集落）、人（歴史上の人物～自分）、何かのテーマ（例／食育、1人キャンプ）など、何か1つの題を決めましょう。

❷ AからZまでを頭文字とするキーワードをたくさん挙げていきます。

1人でも、グループで取り組むワークショップ形式でもやり方は自由。キーワードは英語でも日本語（ローマ字）でもかまいません（例／A=art、B=美術、G=芸術）。AからZまで全部見つからなくても大丈夫です。同じアルファベットにたくさんのキーワードが集中してもOKです。

とにかく、できるだけキーワードを文字にして、可視化することが大事です。そこから新しい発見があったり、核心部分が見えてきたり、混沌としたものを整理するきっかけになったり、多様な効果があります。

＊Webサイトでは AtoZツールを公開しています

AtoZスケッチ～自分AtoZをつくろう（塩見直紀）
→ https://atozconcept.net/atozsketch/

26の問いから考える1人1研究所 NOTE（塩見直紀）
→ https://atozconcept.net/hitori1kenkyusyo/

本書について

Q　88のコンセプトを紹介する本書は、筆者からの88の問い＝「Q」を見開き右下につけています。記入スペースもつけていますのでぜひ自問してみてください。
思いがけない回答が生まれたらうれしいです。

info　京都発のコンセプト88にちなみ、マニアックな「ミニ京都情報」（北は丹後半島に位置する京丹後市から、南は茶処・和束町まで）を見開き左下に添えています。
府内を天職観光してくださるとうれしいです。

＊本書は長年の著者のメモを活用して記述するもので、肩書や引用などは一部、著者のメモに準拠した表記となっています。

第1章

自分探し時代の学び

子ども～フェリシモ時代（1965～1999）

1

21世紀の2大問題

環境問題と天職問題の時代をどう生きるか

半農半X（エックス＝天職）というコンセプトが生まれる背景となったのは、「2つの問題」が背景である。僕はそれを「21世紀の2大問題」と呼んでいる。1つは環境問題（持続可能性）、もう1つは天職問題（筆者造語、どう生きるかということ）だ。

大学のころまでは何も考えずに生きてきてしまったが、1989年（平成元）に大学を卒業して入社した会社「フェリシモ」からの影響で生き方が変わっていく。20代は、「どう生きるべきか、どう働くべきか、どう暮らしていくべきか」が大きなテーマとなった。このテーマだが、30年ほど経ったいまを生きる若い世代にとってはどうかというと、おそらく、テーマとしてはいまも同じであり、難問だと思う。

Q あなたがいま難問だと思っていることは何ですか？
3つあげてください。

[　　　　　　　　　　　　　　　　]

環境問題と天職問題を「2大問題」としてきたが、半農半X誕生前の20代の半ばに出会い、影響を受けたものをもう少し詳しくキーワードを振り返ってみよう。自分にとって重要だったたと思うのが、91年のころ出会った「ソーシャルデザイン」ということばだ。「僕がやりたいことはソーシャルデザインなんだ！」と一言で言えることばを得る。変革系といえるかもしれない。また、時間軸系のことば「7世代先、後世、将来世代」や贈与系の「贈り物、与える精神、ギフト、ギブ」にもとてもインスパイアされた。大切な「誰に」「何を」という方向性を得た。

フェリシモでは入社後の新卒研修に力を入れていて、特に重視された企画力アップ研修でたくさんの刺激を得た。講師からもそうだが、同期の芸術系の大学を出た面々には驚いた。企画力、創造力の大事さを痛感する。これはずいぶん後の50代での芸大チャレンジにもつながっていく。「新概念創出力」ということばも20代の僕に大きな影響を与えた。いまでは小学生も使う「コンセプト」ということばだが、大学時代まで使うことはなかった。「新概念創出力」ということばに出会い、以来、重視したい能力としてきた。このことばに出会って数年後、「半農半X」ということばが生まれることになる。20代のときに僕の大事なキーワードがすべてがそろっていた。忘れてはならない星川淳さんの半農半著ということばも。

info フェリシモの京都事務所が当時、四条烏丸にあり、嵐山と一乗寺で暮らしてきた。一乗寺には有名書店「恵文社」や自然食品店「HELP」もあり、お気に入りの町だった。曼殊院そばに住んだとき、家の裏には市民農園があり、一時、借りたのだった。

2

人生の2つの締切

33歳と42歳という締切年齢の設定

内村鑑三
『後世への最大遺物』(1894)
＊33歳
↑ 2つの締切 ↓
＊42歳
母の帰天(10歳)

ずいぶん月日は流れてしまったが、僕は「人生の2つの締切」を設定していた。
締切の1つの「33歳」はキリスト教思想家・内村鑑三が1894年(明治27)に「後世への最大遺物」と題して講演をおこなった年齢による。箱根での夏期学校で内村は聴衆にこう語りかける。「我々は何をこの世に遺して逝こうか。金か。事業か。思想か」と。講演録は岩波文庫になっていて、併収の「デンマルク国の話」とともにぜひ読んでいただきたい本だ。33歳のとき、内村鑑三はこんな講演をしていて、僕はとてもインスパイアされたのだった。この本を読んだのは28歳のときだった

Q あなたの「人生の締切」は?

[ ]

が、以来、「33歳」が自分にとって重要な年齢になっていく。

33歳までに人生を変えたい。自分に5年の猶予を与えた。結局、僕は33歳と10カ月のとき、約10年お世話になった会社を卒業することになる。本の存在を教えてくれたのはフェリシモでお世話になった矢崎勝彦会長（当時）だ。内村の講演の約100年後、僕はメッセージを受け取った。ちなみに半農半Xコンセプトはその直後、誕生することになる。あなたなら、金か、事業か、思想かの３択なら、どれを遺したいだろうか。難しい３択だ。消去法でも思想しかないと当時、思った。20代のとき、思想を遺したいとは言えなかったが、いまようやく言える年齢となった。最近だろうか、尊敬する宇根豊さんが思想家を名乗っておられ、あこがれる。

２つ目の締切は「42歳」。母が帰天した年齢だ。当時、僕は小学4年生だった。20代の後半ころからか、42歳という数字を意識するようになる。30代ともなれば、42歳へのカウントダウンとなった。42歳で自分も逝ってもいいように後悔のない人生を送りたいと願ってきた。37歳のとき、増刊現代農業『青年帰農〜若者たちの新しい生きかた』で初めて原稿を書かせてもらい、38歳のとき、初めての本『半農半Xという生き方』を上梓。そのとき、やっと、胸のつかえがとれた。ああ、これで安心して帰天できると。42歳という締切は母からの贈り物だったと思っている。

info 内村鑑三は京都にも縁があり、美術品の複製などでも有名な便利堂が困窮時の内村を支えた。講演録「後世への最大遺物」も便利堂が初版を出している。その復刻版を出したいという夢が33歳ころ、僕にはあった。

3

時間軸系コンセプト

後世、7世代先、将来世代という思想

20代のとき、3つの「時間軸系のことば」に出会い、大きな影響を受けた。1つは先述の内村鑑三のメッセージ「我々は何をこの世に遺して逝こうか。金か、事業か、思想か」の、後世に何を遺して逝くかという考え方。2つ目が、ネイティブアメリカン・イロコイ族の「7世代先」という考え方。あらゆる意思決定の際、7世代先を念頭に置くという発想、思想にとても驚いた。僕たちは今週の、いや今の自分のことしか考えなくなってしまっていることにショックを受ける。3つ目は1992年、ブラジルのリオデジャネイロでおこなわれたいわゆる「地球サミット」(UNCED)から特に世に知られるようになったもので、「将来世代(Future Generations)」、まだ生まれていない世代のことを誰が配慮するかという考え方、世

Q 次世代、将来世代のためにあなたの特技を使ってできることは?

[ ]

代間倫理、世代間不公平について。

20代の前半、こうした時間軸系の考え方に出会い、僕の生き方は変わっていった。そこから、時間軸系の思想、哲学を集めるようにもなる。僕が大学の4年間を過ごした伊勢では、20年に1度、式年遷宮が行われる。大学時代に御木曳（おきひき）という行事も体験してきた。20年に1度の行事を世代間で継承するのは難しい。長老と中堅と丁稚の3世代で技術を継承する仕組みにひかれた。次回の式年遷宮は２０３３年におこなわれ、第63回目を迎える。ぜひ夫婦で伊勢に行きたいと思っている。遷宮には樹齢２００年以上の檜が必要で、そのため、計画的な植林も古より、おこなわれてきた。将来を見越して、いま何をすべきかという発想！　昔から身の回りにあったはずのこうした思想が、時間軸がいつしかどんどん短くなっていった。女の子が生まれたとき、桐の木を植え、嫁に行くころ、桐たんすにする思想もすてきだと思ってきた。村でたんすの話を年配の方から聞くと、うれしくなる。そういえば、桐たんすの思想を教えてくれたのは祖母だったように思う。日本民俗学の祖といわれる柳田国男の本『豆の葉と太陽』のなかに、火の見櫓（やぐら）の話がある。未来の隣村の火事のために、いまから火の見櫓になりそうな杉の木を栽えるという発想に柳田が驚く話は僕たちをこれからもインスパイアするだろう。

info　京都大学近くにある「シサム工房」には、時間をかけることや関係性を思い出させてくれるフェアトレードの商品が並ぶ。僕の名刺の台紙でもお世話になってきた。

4

こども里山ビジネス
地域資源から自主財源をつくる力

僕が小学校のころのことだから、昭和40年代の後半から50年の初めころ、村(鍛治屋自治会)の小学4~6年生は、山菜の山フキを採って、村のお店に買ってもらい、売上を夏休みにおこなう花火大会の花火代にあてるという文化があった。ゴールデンウィークのころ、採ってもいい公共ゾーンに行き、フキを採り、葉をとり、向きをそろえ、店に持っていった。今の子どもたちにはこうした子ども行事はなくなっているが、いまから思えば、それは「こども里山ビジネス」だったのだと思う。地区のこども行事・花火大会なので、ビジネスということばは適当でないかもしれないが、意外と最先端かもだ。

Q 子どもとできそうな里山ビジネス、ローカルビジネスは?

[ ]

あるとき、京都府中丹広域振興局の会議の際、僕より10歳くらい上の局長が、「僕たちの子どものころは採ったフキを村の神社の境内で火を焚き、鍋で佃煮にして、販売していた」と話され、驚いた。子どもが加工までするとは！　素材をそのまま売るのもいいが、やはり加工力は大事だ。すると今度は、村の組集会で、近所の団塊の世代の方が思いがけない子どものころのことを教えてくれた。小学校の先生が「この地は薬草が多いので、採って漢方屋さんに卸したらどうか」と提案。子どもたちは放課後など、ゲンノショウコなどの薬草を採って、お小遣いを稼いだという。これにはさらに驚いた。

僕はこれを「上級ビジネス」を呼んでいる。僕たちはただフキを採るのみだったのに、漢方の素材を子どもが卸すとは！　なんともクールではないか。いまでは熊が出るとか、マムシやスズメバチが危ないとか、簡単にはできないだろうが、古紙や空き缶の回収を超えて、地域資源を見つけ、活かす方法を考えることも「探究的発想」を育むのにいいし、おもしろい時代がいま再び巡ってきているような気がしている。できることはもっともっとたくさんあるはずだ。「この地は薬草の素材が多いので、採って漢方屋さんに卸したらどうか」と若い世代をそそのかせられる人が要（い）る。

info　綾部で漢方といえば、老舗漢方屋「赤尾漢方薬局」。赤尾明俊さんは至宝。漢方カフェ「薬膳喫茶悠々」もおすすめ。

5

山の神さまの家の建築家

見えないものを感じるこころ

綾部は、出口なお開祖と出口王仁三郎という巨人による民衆宗教「大本」の開教の地として有名だ。小説家で中国文学者の高橋和巳が１９６５〜66年に発表した小説「邪宗門」は大本がモデルとされ、「綾部といえば『邪宗門』ですね」という上の世代も多い。当時のインテリはみな読んだという。いまは文庫本となっている。

大正、昭和と国家弾圧を２度経験した大本。２月３日には節分大祭をおこなっていて他の市民と同じく我が家もお参りしていた。僕はこれまで特定の宗教に属したことはないが、「大本さん」という感じだ。我が家は空海が開祖の真言宗。初詣には父がよく福知山市大江町の元伊勢の内宮・外宮に連れていってくれた。僕はどちら

Q 見えないものを感じられるようになるよい方法は？

［　　　　　　　　　　　　　　　　　　］

かといえば、アニミズム志向で、石にも木にも神さまが宿ると考えるし、「我以外皆師」と考えたいと思っている。

今も続くわが村のこども行事に「山の神さま」というものがある。12月、村の小学生（4〜6年）が公民館前に集い、麦わらをそぎ、大人が伐ってくれた竹の半割に、麦わらをはさみ、一輪車で山に運ぶ。周囲を掃除し、山の神さまの家を組み立て（新築する）、お供えをするというものだ。家のデザインは固定なので独自性はだせないが、いまから思えば、子どもは山の神さまの建築家であったのかもと考えると楽しい。僕が小学4年のときの山の神さまのお供え時の写真が鍛治屋公民館の広間に飾られている。おそらく京都新聞の記者さんによるものだろう。我が村では現在、その行事はどうなっているかというと、村の篤志家により、鉄筋の家が寄贈され、子どもたちの仕事は鉄筋の家と周囲の掃除のみとなっている。続くだけでもまだいいほうかもしれないが、毎年更新し続けられ、それが永遠と続くのが神道的だと思うのだが、少子化も激しいので、難しい相談かもしれない。

あらためて、自分にとって、山の神さまとは何だったのか。山には神さまがいるという発想、感覚を得られたことはとても大きいと思っている。人間中心主義を超えるというのが僕たちの重要な課題なのだから。

info　福知山市大江町に鎮座する元伊勢内宮（皇大神社）、元伊勢外宮（豊受大神社）はぜひお参りしていただきたい。内宮の参道でマルシェがおこなわれるようになった。元伊勢三社の１つ、天岩戸神社もすばらしい空間だ。

6

自分で自分を鼓舞する大事さ

ことば貯金　ことば銀行塩見直紀本店

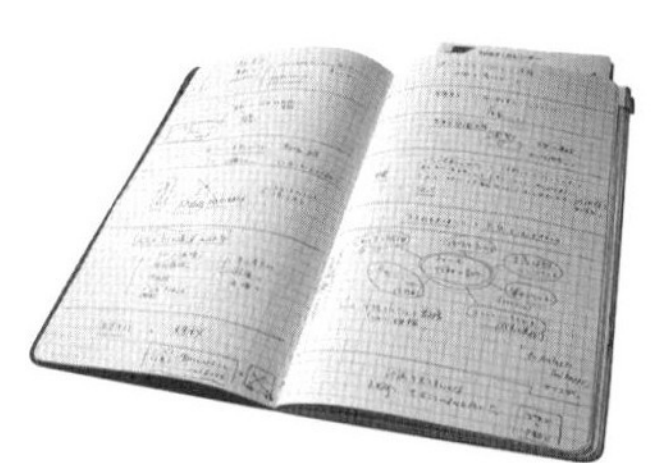

誰もがそうであるように、多くの他者からの支えや見守りを得て、いまここにいる。他の生命（食べもの）などの支えがあっていまがある。それでも「自分自身による自分の支え」も大事だと感じてきた。特にモチベーションを維持という観点から。僕はそれを「セルフインスパイア」と呼んでいる。僕が一番好きな英単語は「鼓舞、息吹」を意味する「inspire（インスパイア）」だ。この本も誰かを長くインスパイアするもので

Q 座右の銘は何ですか？最近、メモしたいことばは何ですか？

［　　　　　　　　　　　　　　　　］

あってほしいと願っている。

大学時代、中学教員（社会、国語）を目指していた。教育学関連を担当していた深草正博先生の授業で、国語教師・大村はまさんの『教えるということ』など、たくさんの本と巡りあうことができた。大学４年頃からだと思うが、「ことば貯金」を始めた。インスパイアされたことばをノートに記していく。それはいまも続けていて、大きな支えとなっている。貯金の残高は多くなくても、ことば貯金の残高はすごくて、あちこちの口座で満期が来ているのを感じている。

あるとき、自分の成長のため、「魂のごちそう」のためだけに蓄えることに違和感を感じ、楽天ブログ（半農半Xという生き方）やメールマガジン、フェイスブック、いまではｎｏｔｅ（創作発信ツール）などＷｅｂで公開、おすそわけをするようになった。２００７年に上梓した『綾部発　半農半Ｘな人生の歩き方88』もおすそわけすることをめざした本のつくりとなっている。創造の素となるのは、「自然」と「言葉」だという。今後も意識していきたい。

ちなみに、「ことば貯金の仕方」だが、ポストイットやノートに記したり、いろいろ試みてきたが、自分にとって一番効果があったのは、ＰＣのＷｏｒｄソフトでハガキサイズでメモするのが自分にとっては一番いい方法だった。

info　大学時代、母校の豊里中学校に教育実習に行った。教員採用試験や綾部市役所も受けたので通っていたら半農半Ｘというコンセプトは生まれておらず、みなさんとお出会いすることもなかっただろう。

7

未来の学校 ポストスクール
ことばによるセレンディピティ

いまはもう買うことはないが、ひかれるポストカードを見つけると買ってしまって、家にはたくさんの未使用のポストカードがある。死ぬまでに使い切りたいと思っている。郵便ポストに届くものは、請求書とＤＭがメインとなって久しいが、「ハガキ道」の坂田成美（道信）さんや永六輔さんのように寸暇を惜しんでハガキを出す、ハガキを書いて天下をとる、といった姿勢にも影響を受けてきた。

10年勤めたフェリシモを１９９９年、33歳で卒業。半農半Ｘという人生の方向性を示す羅針盤はあったが、何をして食べていくかは決まっていなかった。まず最初に取り組んだのが、「ポストスクール」という50週にわたり毎週、インスパイアされることばをハガキに印刷して、手書きであて名書き、ひとことメッセージをそえて

Ｑ あなたが誰かに届けたいことばは何ですか？

［　　　　　　　　　　　　　　　　　　］

届けるローテク教育事業だ。ポストスクールのポストは郵便の意と「後（のち）」の意で、「未来の学校」という意を込めた。ことば貯金の資産を使ったものだが、その方に合うことばを選び、記念切手をはり、個別のメッセージを書いていくのは大変でもあった。申し込みをしてくださった方はハガキをどうしたかというと、トイレに飾ったり、ファイルに入れて見返したり、とメールではできない複数回のことばとの再会ができ、メッセージが心に定着する可能性はあったのかもしれない。

大学4年から始めた「ことば貯金」だが、大きく2種類のことば群があったようだ。1つはどう生きるかというもの。もう1つは里山、農業、持続可能性といったもの、地域資源をどう活かすか、ローカルビジネスなどなりわいに関するもの。このことば貯金だが、その後、里山ねっと・あやべでおこなった二十四節気ごとの「里山的生活メールニュース」や福知山公立大学のコミュニティビジネスの授業などでも活かされることになる。いま、関係性が生まれにくい時代にあって、セレンディピティ（偶然の幸運を手に入れる力）も減っているといわれる。

集めてきたことば貯金を、もっと活用できないか。1度、実験でおこなったのが、オンラインでの「ことば大学」だ。みんなが大事にしてきたことばを活かし、何か創造空間がつくれるのかもしれない。

info　当時、ポストスクールを購読してくださった可児雅代さんはいま、京都市内でラーメン店「拳10ラーメン」（御前三条下ル）を開いている。支えてくださったことに感謝！

8

半農半X
20代のときにつくった自分を救うためのことば

半農半Xということばはいつ生まれたのか。当時、つけていた「10年日記」をめくってみても、まだその日を見つけることができないでいる。93年、屋久島在住の作家・翻訳家の星川淳さんのもとを訪ねた。半農半Xに影響を与えた「半農半著」ということばを文にされていた方だ。訪問の際、「半農半著から半農半Xということばが生まれました」と話した記憶があるので、半農半Xの誕生は93〜94年ころとしている。もうすぐ誕生30年。メディアに初めて記載されたのは、98〜99年のことだ。『アルケミスト』で有名な東京の出版社・地湧社の月刊誌『湧』と、増刊現代農業『ボランタリーコミュニティー〜環境・福祉・医療・教育　参加から創造へ』に

Q あなたのエックス（天職、使命、大好きなこと、得意なこと、生きがい、ライフワーク）って何ですか？

［　　　　　　　　　　　　　　　　　　　　］

おいて、「文中の1単語」として掲載された。

半農半Xということばは誰かのためにつくったり、マーケティングのための用語ではない。これからの生き方を模索する僕が自分自身を救うために生み出したことばだ。星川淳さんの半農半著に出会ったとき、「半農半〇〇、この方向だ」と感じた。いまではこうして執筆の機会をいただいているが、当時も「著」をめざしたわけではない。２００２年の春、増刊現代農業の甲斐良治編集長から「今夏、『青年帰農〜若者たちの新しい生きかた』を出すので半農半Xについて６０００字くらいで書いてほしい」と連絡があり、初めて詳述。この本ではなんと半農半Xが「章タイトル」になっていた。拙文の前に掲載されていたのは、鴨川自然王国の藤本敏夫さん（歌手・加藤登紀子さん夫）の病床インタビュー。藤本さんはこの本が出た日に帰天され、僕はこの本でデビューをさせていただいた。次女のＹａｅさんは半農半歌手を名乗っておられていて、縁を感じている。

２０２１年3月末、これまで上梓した本、翻訳本（台湾、中国、韓国、ベトナム）、インタビューが載った本や雑誌などを綾部市図書館に寄贈した。生駒彩子館長（当時）が「半農半Xコーナー」をつくってくださった。半農半Xについて卒論を書く学生も毎年いる。綾部の図書館でいろいろ調べ、思索してくれたらと思う。

info 半農半Ｘの誕生地はどこだろう。フェリシモの京都オフィスは四条烏丸にあった。当時、住んでいたのはＪＲ嵯峨嵐山駅と嵐電嵯峨駅の間くらいの嵐山だった。

9

自分の型(かた)
「3つのキーワード×活動舞台」の掛け算

講演やワークショップ(WS)の際、よくおこなうのが、自分の型は何かを言語化するワークだ。住んだり、働いたりしている活動フィールド(分母)の上に、得意なこと、大好きなこと、ライフワーク、気になるテーマなど、自身の3つのキーワードA×B×Cを紙に書いてみる。3つの掛け算をすれば、ブルー・オーシャン(未開拓で競争相手のいない市場)がつくれるのではないかというものだ。僕の場合は、半農半X×コンセプトメイク×里山センス・オブ・ワンダー(自然の神秘さや不思議さに目を見張る感性)をキーワードにし、場所は綾部・福知山と書いてきた。あなたなら、どんなキーワードをあげるだろうか。

国内外のたくさんのWSで3つのキーワードを書いてもらってきたが、キーワー

Q あなたの型は何ですか？　キーワード3つと活動舞台をあげてください。

[　　　　　　　　　　]

ドが1つは重なることはあっても、2つ、3つとなると重なる人はいなかった。フィールドも異なる。こんな簡単な方法で、「世界に1人の存在」であることが可視化できるのもおもしろい。多様性ということばが蔓延する時代。多様性をもっと可視化し、それを積極的に意味づける仕組みが大事ではないかと思う。この「型（かた）」の発想だが、明治大学の齋藤孝さんが何かの雑誌で以下のことを書いているところから着想したものだ。齋藤さんいわく、「たとえば、三脚のイメージです。2点では倒れてしまう。3点なら立っていられる。4点では多すぎる。…スポーツでも勝ち残るには1つだけではだめ。得意技が3つあれば、その選手は「型」を持っていると言える」。この齋藤さんの考え方にないものが場所的な発想ではないかと思うようになり、「活動舞台」を分母に加えてみて、生まれたものが冒頭のワークだ。このような視点で周囲の人を見るとまなざしもきっと変わってくるはずだ。

3つのキーワードの掛け算という発想は、人だけでなく、国、都道府県、市区町村や集落、町内会や企業、NPOなどにも使える。人が集まる場（WSなど）で、3つのキーワードなどを書いてもらった名札もつくったことがあるが、そうすれば人と人は早く、深くつながることができる。型と型の新しい出会い、組み合わせがこれからもこの世界にたくさん生まれることを祈っている。

info 型といえば、京都市左京区の京都芸術大学（旧京都造形芸術大学、2020年4月より名称変更）の「日本×芸術×平和」という型はすてきだ。

10

21世紀の加減乗除の法則

複雑で不透明な時代をシンプルな法則で生きる

＋ － ÷ ×

ビジネスや人生、まちづくりにも法則がきっとある。完璧でいつまでも生命力をもつ法則はなかなかないけれど、それでも「現時点での仮のまとめ」「仮の言語化」はしておくべきだ。僕がつくってみたのが、「21世紀の加減乗除」という法則だ。

「加（＋）」は何かというと「コツコツいこう、継続が重要」というもの。僕も「愚直に、コツコツ」「執念、粘り強さ、あきらめない」は大事にしている。

「減（－）」は何か。モノにあふれた今の時代はまだまだ「足し算の時代」を続けようとしている。本当に大事なものを捨ててしまい、「玩物喪志」となっている。「引き算の思想」でシンプルにしていこうというもの。平成の世が始まったばかりの約

Q あなたが長く続けていることは何ですか？

［　　　　　　　　　　　　　　　　　］

30年前、新井満さんの本『足し算の時代　引き算の思想』を読んで影響を受けた考え方だ。大学を卒業したばかりの20代のとき読んだ本なのだが、あらためて感じるのは「20代」の大事さ。いま、20代の人はこの時間を特に大事にしてほしい。

「乗（×）」はいろんな人とのコラボレーション、新しい組み合わせをつくっていこうというものだ。「１人が年間３つのコラボを誰かと、何かする」ことを奨励する、国策とする。そんな時代にしたいくらいだ。

「除（÷）」はすこし難しいが、公式ふうに言えば、「世界÷自分のテーマ＝！」というイメージだ。世界の、古今東西の万象から自分のテーマに関連するものをフィルターにかけて、それ以外を取り除いていくイメージ。

世界にはヒントがいっぱいあるし、眠っている。僕のテーマである半農半Xを例にするなら、ロシアのダーチャ（菜園付きセカンドハウス）やバリ島の芸術と農業を組み合わせた暮らしもおもしろいと思っているので研究テーマだ。日本の大正期の「副業政策」や、個性的な幼稚園の創造性教育や感性育成もテーマとなる。大量の情報から自分は何を掬い取るのか。この世界はお宝だらけで、すべてがヒントではあるが、情報も膨大。「テーマというフィルターでそれ以外を除く」という発想は大事ではないかと思う。

info　京都の宮津では大正〜昭和期に農閑期の仕事として、木彫の「宮津人形」「橋立人形」がつくられたという。京都府立丹後郷土資料館の機関誌『丹後郷土資料館調査だより』（令和４年３月26日第11号）にある学芸員・青江智洋さんの調査（「丹後における農民美術の受容と展開」）が興味深い。

第1章　参考文献

内村鑑三『後世への最大遺物　デンマルク国の話』岩波文庫、２０１１

柳田国男『柳田国男全集2』「豆の葉と太陽」ちくま文庫、１９８９

高橋和巳『邪宗門（上・下）』河出文庫、２０１４

大村はま『教えるということ』共文社、１９７３

湧編集部『湧１５１号、１５2号』地湧社、１９９８

現代農業増刊「ボランタリーコミュニティー〜環境・福祉・医療・教育　参加から創造へ」農山漁村文化協会、１９９９

新井満『足し算の時代　引き算の思想―新井満・対談集』ＰＨＰ研究所、１９９０

青江智洋「丹後における農民美術の受容と展開」『丹後郷土資料館調査だより』第11号、２０２２

第2章

半農半Xからの学び

綾部（1999〜至現在）

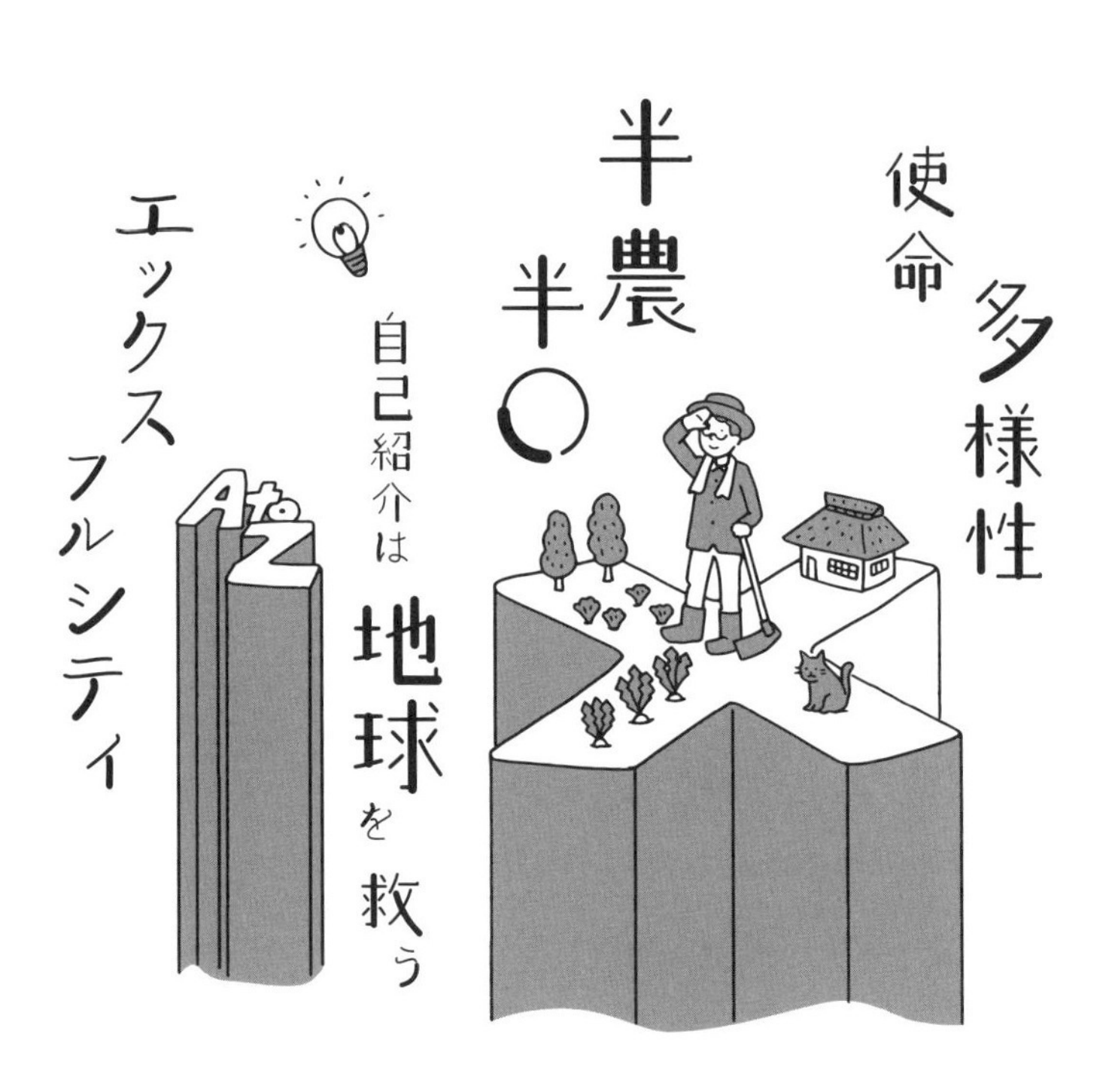

11 半農半社会起業家 めざしてきた方向

20代の半ばころ、日本版「ホール・アース・カタログ」ともいうべき、「エコロジーグッズカタログ'91～緑の地球を愛する人へ」が出版された。そのなかで、「ソーシャルデザイン」ということばに出会い、我が方向性を得た。その後、半農半Xが生まれる。2000年に出版された町田洋次さんの『社会起業家～「よい社会」をつくる人たち』という本は35歳のときに影響を受けることになる。自分の人生において、新概念との出会いは大きい。

父は小学校教員だった。途中から障がいのある子どもの教育を学んで、それが父のミッションとなる。僕が生まれてすぐに逝った祖父は京都工芸繊維大学の前身の学校で養蚕を学び、養蚕教師として兵庫県内に赴任していた。我が家はいわゆるビ

Q あなたがビジネス手法で解決したいことや政策提言したいことは何ですか？

[ ]

ジネスの家系ではないが、社会課題を教育で、というテーマはＤＮＡとしてあるのかもしれない。

社会起業家とはビジネス手法で社会の課題を解決するというもの。社会起業家は自分で名乗るものではなく、周囲の評と言われたりするが、僕がひそかにめざしていたのは、半農半社会起業家だった。本書で紹介する数々のコンセプトや試行は半農半社会起業家をめざしてきた小さな歩みを紹介するものだ。

半農半Ｘというコンセプトと社会起業家というコンセプトを掛け合わせれば、新しい世界が見えるのかもしれない。移住施策で半農半Ｘを取り入れるまちも増えているが、「半農半社会起業家を誘致する」という考え方や育成をめざすというのもいいだろう。実際、知人の社会起業家が地方移住する例も多い。僕は社会起業家が地方に来ることは「百人力」となる可能性をもっと思っている。

認定ＮＰＯ法人フローレンス会長・駒崎弘樹さんの『政策起業家〜「普通のあなた」が社会のルールを変える方法』も読み、刺激を受けた。今後は「半農半政策起業家」という人もあらわれるだろう。僕が好きな駒崎さんのことばをここで紹介しておきたい。「現代の革命は、意志のある人が自ら動き、成功させ、それを国に模倣させることだ」。

info 京都の出版社ミネルヴァ書房から、Ｍ・ミントロムの『政策起業家が社会を変える〜ソーシャルイノベーションの新たな担い手』石田祐・三井俊介訳）が2022年、出版されている。

12

半農半〇と半〇半Xと半〇半〇
ローカライズ、カスタマイズしよう

半農半Xのおおもとは、「半農半漁」という伝統的な暮らしのあり方から来ている。と書くと、歴史学者の網野善彦さんに叱られてしまいそうだ。日本はみな半農半漁であったという大きなくくり方はだめだと。環境問題、エコロジーへの関心から、僕は20代の半ばから後半ころ、屋久島在住の作家・翻訳家の星川淳さんの本、例えば、『地球生活―ガイア時代のライフ・パラダイム』『エコロジーって何だろう』『屋久島の時間』や翻訳本をたくさん読むようになった。

インタビュー本か何かで、「半農半著」の暮らしについて、書かれた文に出会う。この「半農半著」ということばに出会い、僕はとてもインスパイアされた。「これ

Q 半農半〇、半〇半X、半〇半〇、ほかにどんな可能性がある？

[　　　　　　　　　　　　　　　　　　　　]

だ、これからの方向性は半農半○○な方向だ」と。いまでこそ、本はこうして書かせてもらっているが、「著」を目指そうと思ったことも、「作家」を名乗ることもない。当時、考えたのは、星川さんの「著」にあたるもので、自分のそれは何か、ということ。「半農半ｉｔ（イット）（＝それ）」。それを模索するなかで、半農半Ｘということばが生まれたのだった。

半農半Ｘは口コミでひろがっていくが、おもいがけない展開にもなっていく。半農半Ｘから半○半Ｘという展開だ。半猟半Ｘ（岐阜）、半公半Ｘ（京都府）、半官半Ｘ（隠岐・海士町）、半議員半Ｘ、半林半Ｘ（『シリーズ田園回帰６　新規就農・就林への道』）、半介護半Ｘ、半Ｘ半ＩＴ（徳島美波町・サイファー・テック株式会社代表・吉田基晴さんの『本社は田舎に限る』はおすすめ）などなど。綾部里山交流大学に講師で来てくださった多摩大学名誉教授の望月照彦さんは「半己半社」という新たなことばで方向性を再提示くださった。まだまだいろいろな思考が展開できそうだ。

日照量が多い地域、雨や積雪が多い地域。風土にあわせてどんどんローカライズ（地域に合うよう最適化）していくこと。子育て中や介護などライフスタイルや家庭環境にあわせて、独自にカスタマイズ（好みに合うよう手を加え、作り替え）していくこと、実験精神が大切だ。

info 綾部在住で高名な修験僧・田中利典さん（金峯山寺長臈、林南院住職、種智院大学客員教授、『体を使って心をおさめる修験道入門』など著書多数）は2021年ころより、「半僧半Ｘ」と表現されるようになった。

13

1000本プロジェクト

公園のような田んぼ、哲学の田んぼをめざして

「ＯＬＤ＋ＯＬＤ＝ＮＥＷ」（古い＋古い＝新しい。以下、ＯＯＮと略）とは、『最高の答えがひらめく、12の思考ツール』（イアン・アトキンソン）にあるアイデア出しのヒントだ。古いもの同士も足せば、最先端のものもできる。ＮＥＷ＋ＮＥＷがＮＥＷと思っている人も多いだろう。日本にはすぐれたＯＬＤがたくさんあり、アイデア次第の恵まれた国だ。近年の「ＯＯＮ」の秀例は、ＮＨＫ人気番組「ブラタモリ」だと思う。「地理・地学・歴史」といった古いものと、「ていねいに歩く」という不変のものを足すという素晴らしさ。同じくＮＨＫの「鶴瓶の家族に乾杯」もこの法則に合致する。

我が家は兼業農家。父は小学校の教員で、一家で稲刈り、畦（あぜ）でお弁当、日没まで

Ｑ どんな田んぼなら行きたいですか？

『　　　　　　　　　　』

稲木がけをしていた。少し上の世代には農業が嫌な人も多いが、僕が子どものころはもう、子どもが労働力の時代ではなくなっていたようだ。１９９９年に綾部にUターンし、その年から畑や米作りなどを本格化した。２００３年に拙著を上梓。本を手にした方が綾部を旅するようになり、よく田んぼまで案内していた。

田の面積が50ｍ×60ｍ（3反）あり、自給に必要な米量を超える。自分だけ、しあわせに半農半Xをしているのもなんだか心苦しい。「このぐらいのミニサイズならできますか？」と問うと、「やれそうです」と答えてくれたことがきっかけで、初めてでも使いやすいように、3反の田をロープで18分割（1区当たり1・6畝程度）し、京阪神の家族、個人、グループに参加してもらう１０００本プロジェクトを始めた。「オーナー」という考えは、所有にとらわれた考え方に思え、プロジェクトとした。1区間の参画費は「苗～もみすり代」込で1万1千円。苗は綾部のかかりつけ米農家・井上吉夫さんのところに苗代づくりを手伝いに行き、わけてもらってきた。30㎝間隔の正条植え。田植えは全区画が何時全員集合とはせず、区画単位で土日のいつでもいい。手押しの除草機を縦横を2度押し、その後、手での田草取り。手刈り、天日干し、可能なら脱穀まで参加。これまでたくさんの方に参加いただいた。めざしたのは、「哲学の田んぼ」であり、「公園のような開かれた田んぼ」だった。

info 最近の参加者でいいなと思ったのが、京都市内で子ども食堂をおこなっている方が子どもたちとやってきて、収穫されたお米が子ども食堂に使われるというものだ。

14

半農半Xデザインスクール
ワークショップのすすめ

綾部の農家民宿で1泊3食をともにしながら、7名の参加者と自分のキーワードを棚卸ししたり、自分のXを思い出したり、確認したり、他者のXに刺激を受けたり、応援したり。新たなローカルビジネスの発想を得たりする半農半Xデザインスクール（XDS）という場を2007年の節分〜立春の日、思い切って始めた。値段は1泊3食込みで1・5〜1・8万円。京都市内のお寺・檀王法林寺でのトークショーを聞いてくれた看護師・山本ひとみさんが、「ワークショップ（WS）とかされないんですか?」と問いかけてくれたのが、きっかけだ。綾部まで来てくれる人

Q あなたがWSをするなら、何をテーマにしますか？会場はどこでしょう？どんなプログラムでおこないますか？

[　　　　]

はいるだろうか。始めてみたら、半分は首都圏から、33歳前後の方が多く、半数は女性の参加者だった。ＪＲ綾部駅に集合し、芝原キヌ枝さんの農家民宿「素のまんま」へ。芝原さんの立ち居振る舞いや創造的な人生のお話、ご主人が遺された薪を使った五右衛門風呂が人気だった。芝原さんの農家民宿引退後は秋元秀夫さん・宏子さんの農家民宿「イワンの里」にお世話になってきた。

ＸＤＳは冒頭、長い自己紹介タイムで始まる。そのあと、僕から半農半Ｘの誕生物語や考え方、半農半Ｘの現在地など、お話する。その後、屋内外の好きな場所で1人きりになり、ワークシートを書き込む。集合して、刺激的なシェアタイム。自分にない発想を取り入れることの大事さに気づく。夕食後のだんらん。宿主である人生の先輩のお話。早朝、村散策などなど。参加してくれた方はその後、どんな人生を歩んでいるのだろう。再会するのもおもしろそうだ。いろいろな支えがあってできたＸＤＳだが、ＷＳの経験をたくさんさせていただいたことは大きな財産となった。「ＷＳとかされないんですか？」と問いかけてくれた山本ひとみさんのように、僕もいろいろな人に「ＷＳとかされないんですか？」と肩をポンと押していきたいと思う。もしかしたら、もうＷＳは特別のものではなく、みんなできてしまう時代なのかもしれない。

info　芝原キヌ枝さんがなんと80代のあるとき、「自分 A to Z」をつくりたいと言ってくれた。テーマも斬新で詠まれた短歌を A to Z で２首ずつ紹介していくもの。大力浩二さん・聡美さんがレイアウトデザインされた作品はインターネットで公開されている。→「芝原キヌ枝の三十一文字 A to Z」（2020）

15

半農半Xパブリッシング
「文化の香り」がするまち

朝日新聞の連載で「地方の出版社」についての記事があった。日本だと出版社が一番多いのが東京で、次いで大阪、京都、神奈川と続く。驚いたのが沖縄には出版社が多いということだった。戦争、平和、自然、文化、食、観光など、多様なテーマで共存している。秋田には「無明舎出版」があり、長野・小布施には「文屋」、滋賀には「サンライズ出版」、岡山には「吉備人出版」など、ひかれる出版社も多い。

イタリア発の「スローフード」を日本に伝えた島村菜津さんは「地方には文化の香りがいる」という。綾部里山交流大学に来てくださったとき、教えてくださったのは文化の香りの大事さだ。ふるさと綾部はどうだろう。綾部にも出版社があれば

Q みなさんのまちでも何か本にできる題材はないですか？

[　　　　　]

いいかも。そんなことを思うようになり、始めたのが「半農半Xコンセプト」に特化した「半農半Xパブリッシング（以下、XP）」という1人出版社だ。

XPの1冊目は、書き込み式のワークブック「半農半Xデザインブック」だった。デザインは綾部在住のデザイナー相根良孝さんにお世話になった。印刷は福知山の会社だ。2冊目は拙著『半農半Xという生き方 実践編』の新装刊。版元のソニー・マガジンズが雑誌事業に特化することになり、単行本の発行をやめたため、在庫ゼロとなったこの本の契約を交わし、自分で出せるようにし、新装丁で刊行した。表紙写真は綾部の写真家・鈴木隆さんの「全国水源の里フォトコンテスト」（事務局・綾部市）受賞作品。装丁は「つばさがはえるちず」（後述3章）でお世話になった美術家の田谷美代子さん（綾部に半年居住）。印刷は福知山に支店を置く美術書印刷で有名な北星社（本社・豊岡）。できた本は、綾部駅前の観光案内所やあやべ特産館でも販売してもらった。2年ほど前までは、注文や発送は障がいのある方の自立支援の「いかるがの郷」にお願いしてきた。本の値段はワークブックは500円、単行本は1000円で、若い世代でも買いやすい値段をめざした。XPのビジョンは、まだ出会っていないが、10～20代の若手の書き手に新しい発想で半農半Xを表現してもらい、それをプロデュースすること。

info　京都の丹後（京丹後、伊根、宮津、与謝野）の魅力を芦田久美子さん、豊田玲子さんら丹後本製作委員会が書籍化。2018年、『ひ・み・つの丹後本～丹後人が教える京都・丹後半島ローカルガイド～』を世に送り出した。

16

コンセプトスクール

エックスを支えるためのコンセプトをつくる

半農半X研究所という屋号は2000年から使用してきた。肩書きは会社や地域などから与えられてもいいが、自分でもつくっていくべきだ。半農半X研究所という肩書だが、これだけでは自分を表現できない気がして、もう1つつくったのが、「コンセプトフォーエックス」という屋号だ。いまも自分のアドレスで使っていることばだ。意味は何かというと、誰か(個人~市町村)のミッション、エックスをコンセプトで応援できないかというものだ。

2013年から思い切って、京都市内で2時間半ほどのワークショップ「コンセ

Q あなたなら地域を活かしたどんな甲子園を開催しますか?

[　　　　]

プトスクール（以下、ＣＳ）」をおこなってみた。半農半Ｘデザインスクール（ＸＤＳ）は自分のエックスは何か、発見したり、再確認するワークショップだが、ＣＳはまちづくりやローカルビジネス創造のための練習問題を用意し、みんなで創作、シェアし合うことでことばへの感性、コンセプトメイクの感性を高めていくものだ。どんな練習問題をおこなったかというと、たとえば、「写真甲子園やマンガ甲子園など、高校生のための選手権をあなたが企画するなら？」→解答欄に３つの「〇〇甲子園」（文字数限定なし）を書いてもらうというものだ。

場に集まってのワークショップを不定期でおこなってきたが、通信教育型にしてみた。50週にわたり、メールで問題を金曜日の夜に届け、月曜日の朝までに３案の回答をいただくものだ。あるとき、台湾か中国の方から「中国人でも受講できますか？」と尋ねられ、驚いたことがある。問いを中国語にするなど工夫すれば、できてしまう。通信教育型にしてみたい理由の１つは、自宅にひきこもっている若い方が受講してくれたらと願うからだ。ＸＤＳをおこなっていたころ、「綾部でのワークショップに行きたいけれど、勇気が出ず、行けません」という手紙をもらったことがあった。楽天ブログ等で情報を見てくれていたのだろう。いつしか僕のなかにそうした方のために役立てたらという思いが芽生えてきた。

info コンセプトスクール＠京都に参加してくれた黒澤英昭さんは日本酒を愛する公務員。トランジションタウン京都、パーマカルチャーをひろめる活動もおこなっている。

17

漢字のみ使用の概念創出

名づけと組み合わせの力をつけて

2022年1月、『半農半Xという生き方【決定版】』のベトナム版が出版された。コロナ禍の2020年の年の瀬、「半農半Xを翻訳したい」とベトナムからオファーがあったとき、不透明な時代へさらに突入するなか、小さな希望を得たような気がした。同じ志をもつ仲間が世界に増えるかもしれないという希望。出版の報を待っていたころ、綾部の農家民宿「水田家の食卓」の水田裕之さんから「以前、泊まってくれたベトナムの若い方が半農半Xを翻訳したいと思っているようだ」とメールをもらった。ベトナムでの出版の動きを話すと、「やはりベトナムでも同時期に関心持つ人が出てくるくらい半農半Xに共感する社会になってきてるんだね」と返事をくれた。

Q これからの時代のあり方、ビジョンを示すことばを漢字のみで表現するなら？（例／〇〇世界）

［　　　　　　　　　　　　］

拙著は台湾（２００６）、中国（２０１３）、韓国（２０１５）、そしてベトナムで翻訳された。すべて漢字文化圏だ。以前、本を読んでくれた中華系のマレーシア人の若い方が綾部まで訪ねてくれたことがある。マレーシアにある中華系の書店で半農半Ｘの中国版と出会い、読んでくれたという。ありがたいことだ。ソニー・マガジンズ版の『半農半Ｘという生き方』は２００３年に出版され、２０２３年は出版20年の記念の年となる。半農半Ｘという紙片が入ったボトルレターが時を経て、ベトナムの海岸に流れ着いた感じだ。ベトナムではどんな物語が始まっていくのだろう。そうそう、半農半Ｘ本の英訳もまだあきらめていない。

半農半Ｘの漢字文化圏でのひろがり。招聘（しょうへい）で台湾、中国、韓国に行き、感じてきたのは、これからの方向性、ビジョンを漢字で新概念にして伝えることを僕らは心がけるべきだということだ。中国で講演の機会があったとき、「１人１研究所」に関して話すと、いいねという反応をいただいた。「天職観光」（天職のヒントを探す旅）について、綾部にやってきた香港の青年に話すと、「まさに自分の旅だ」と語ってくれた。これからの方向性を漢字で新概念にし、日本から市民発で伝えていく。漢字表現に関する感性をさらに高め、アンテナをはり続け、漢字による概念創造にこだわっていきたい。最近、生まれたのが「自由研究都市」だ（後述６章）。

info 香港からの旅人にあわせてくれたのが、綾部の農家民宿「里山ゲストハウス クチュール」の工忠照幸さん、衣里子さん夫妻だ。MATA TABI という屋号で、地域旅、マイクロツーリズムもプロデュースする。

18

使命多様性
多様性ということばが多用される時代に

現在では「生物多様性」という訳が定着しているが、1990年代のはじまりのころ、biodiversityには「生命多様性」という訳もあった。ともにわかるのだが、僕のなかでは表現しきれていないものがあるように感じていた。そこで半農半漁→半農半著→半農半Xのように、1文字もじって「使命多様性」ということばをつくってみたら、僕には見えてくるものがあった。

当時、京都市左京区一乗寺に住んでいたのだが、フェリシモの京都オフィス(四条烏丸)まで地下鉄を利用し、松ヶ崎駅から四条駅まで通勤していた。通勤時に特に意識が変わったのは、席の左右の人にも、座る僕の前に立つ人にもそれぞれ使命

Q あなたの周囲にいる苦手な人の使命は何でしょう？(笑)

[ ]

があり、多様であると思うことができるようになったことだ。ほほえましくも思えるようになっていく。家族でも、職場でも、地域でも、使命多様性という視点で見つめるように心がけてきた。この使命多様性ということばだが、本や講演など、いろいろな場で発信をしてきたが、多くの反応をいまもいただいていて、希望を感じることばに育つかもしれないと思っている。あらためて本書でも問いかけてみたい。使命多様性という考え方を、暮らしに、仕事に活かしてくださいと。ちなみに使命多様性だが、トマトにはトマトの使命が、梅には梅の、ビワにはビワの使命があるというものでもある。使命は植物に限らず。それぞれの虫にも。好きではないムカデにも。菌にも。あらゆる生命に。

尊敬する農の思想家・宇根豊さんは「新しい言葉が生まれるのは新しいまなざしが生まれたから。新しい言葉は新しいまなざしをさそう」という。使命多様性ということばにより、人間観が変わった。「多様性」ということばがますます多用され、氾濫する時代になっている。「使命多様性」ということばは多様性の本質をもっと見えやすくし、大事なことは何か、いまから何をしていくべきかを示唆するのではないかと思っている。あらためて、半農半Ｘとは持続可能性と使命多様性をあらわすものである。

info　使命多様性がわかる空間はどこか。それは書店や図書館だと思う。並べられた本のタイトルはその人のミッションをあらわしていて、僕にとっては、エックスの見本市、エックスの百貨店だ。綾部のブックランドたかくら、宮脇書店、福知山の福島文進堂など、なんとか続いてほしい。

19

あなたのXを動詞であらわすと

10000種の半農半X

国内外での講演先等で、たくさんの方と名刺交換をおこなってきた。「半農半○○」という肩書が入った名刺をいただくことも多い。半農半歌手、半農半建築家、半農半デザイナー、半農半エンジニア、半農半理学療法士や心理カウンセラーなど。福井県など、志ある半農半公務員も多い。半農半学の学生もいる時代。ちなみに大学の卒論で半農半Xをテーマにする学生も毎年いて、最近ではオンラインでインタビューを受けたりする。以前、大阪だったたか、高校生が探究学習の研究テーマに半農半Xをあげ、インタビューのため、綾部にやってきてくれたことがあった。探究学習時代。またそうしたイノベーターと出会える日がくるかもしれない。

Q あなたの天職を動詞で表現するなら？

『　　　　　　　　　　　　　　　　　　　　』

半農半○○といえば、アメリカ第44代オバマ大統領の夫人ミシェルさんはホワイトハウスで家庭菜園をしていたという。僕は半農半ファーストレディと呼んでいた。

以前から、「10000種類のX」が表現されたらいいと思ってきた。それは多様なほうがいい。宇宙から見れば、1つというイメージだ。Xはデザイナーやエンジニアなどの職名でなくてもいいのかもしれない。「天職は動詞」（癒す、つなぐ、伝える、描くなど）、という考え方もすてきだと思う。

半農半○（動詞）でとても印象的だった話がある。『綾部発　半農半Xな人生の歩き方88』（2007）でも書いたが、この時代、ぜひ継承したいので再掲したい。拙著を読んでくれた隣の集落の大槻治子さん（当時80代）が「本を読みました」と手紙をくださった。京都新聞やあやべ市民新聞などでも紹介されてきたので、地元の方も読んでくださってきた。大槻さんは、「私は普段、家族のために午前中は小さな畑仕事をしています。本を読んだ後、私のXは何だろうと考えました。齢を重ね、身体も昔のようには動きません。あえていうなら、家族の健康やこの世の平安を祈ることでしょうか」と手紙には綴られていた。僕は大槻さんを「半農半祈り」と名づけた。究極の半農半X。大槻さんは帰天されたが、散歩中、よく田んぼでお出会いし、立ち話をした日を思い出す。

info 綾部駅前でシェアオフィス（ピースビル）を開いた綾部のキーマンの1人、原田商店の原田直紀代表は「半農半Xなまち」とガラスにメッセージを入れてくれた。空き家のリノベーションやカフェなど綾部の魅力づくりに励んでいる。

20

自己紹介は地球を救う

自己紹介が多いまちをつくろう

半農半Xデザインスクールなど、ワークショップの機会をもらうと、参加者間の自己紹介の場を重視してきた。あるとき、「自己紹介の反対は戦争」ではないかと思うようになる。戦争がいまから始まる。兵士は並んでお互いに自己紹介をし合う。「子どもが歩くようになりました」「夢は教師です」と。自己紹介後、戦争を始める。そんなことはないだろう。戦う相手の自己紹介を聞き、愛する家族があること、子どもが小学生であること、夢は何か、など聞けば、戦い方は変わってくるだろう。戦う意欲がなくなるかもしれない。「自己紹介は地球は救う」。このことばはそんな

Q 自分の「7つ道具」で自己紹介をするなら？

[　　　　　　　　　　　　　　]

ことを思うなかで生まれたものだ。自己紹介は大事だ。ここでは最初の挨拶が、というより、自分がめざしていることや大事にしていること、好きなことなどを特に指している。そんなことを考えてきたが、あるとき、「自己紹介が多いまち」をつくっていくべきではないかと思うようになった。「自己紹介がたくさん生まれるまち」がこの国に、世界に増えればと思う。みなさんのまちはどうだろうか？　学校・大学でも、地域でも、マンションでも。近年ますます「孤独」がテーマになってきている。孤独は大きなテーマだ。みなが孤独担当大臣になっていけたらと思う。

古典的編集手法Ａ to Ｚにひかれ、10年が経つ。ワークショップの第一人者・中野民夫さん（東京工業大学リベラルアーツ研究教育院教授）と山陰線の吉富駅かどこかで待ち合わせをして、駅そばのカフェでＡ to Ｚを使った自己紹介の実験をさせていただいた。５分で「自分Ａ to Ｚシート」に自分のキーワードを各自記入。その数、各50ワード以上。お互い５分ずつＡ to Ｚを使って自己紹介。計15分で深い世界に辿り着けたことに驚いた。たとえば、小学校でも大学生でも、入学時、友人をつくってもらうときにもＡ to Ｚが使えるのではないかと思う。入社前、入社後研修でもいい。チームビルディングなど、いろいろな場で、自分Ａ to Ｚを使っていただけたらと思う。自己紹介だけでもまだまだできることがたくさんありそうだ。

info 中野民夫さんと僕が手書きで書いた「自分 A to Z」を載せたワークブック『A to Z が世界を変える！』（綾部ローカルビジネスデザイン研究所編、2017、500円）はあやベグンゼスクエア内の「あやべ特産館」でも販売中。希望の場合は塩見から郵送別途180円負担で送付可能。

21

エックスフルシティ&エックス・ミーツ・エックス

みんなのXを活かしたまちづくり

半農半Xという生き方をテーマにした講演はいまも多いが、「みんなのXを活かしたまちづくり」というテーマは今後も話していきたいし、追い求めていきたいテーマだ。綾部のコミュニティFM「エフエムあやべ（愛称・FMいかる）」（1998年開局）の井関悟社長が対談ラジオ番組を企画してくれた。タイトルを「エックスフルシティ」と名づけた。みんなのXが輝くまち。多様なXを持つ市民。みんなのXが輝くまちがこの世界に増えればと願う。対談アーカイブはいまもインターネットで視聴することができる。

イギリス発の概念「社会的処方（social prescribing）」について書かれた『社会的処方〜孤立という病を地域のつながりで治す方法』という本がある。医師のみが病

Q あなたがまちで活かせることは何ですか？

[　　　　　　　　　　　　　　　　]

気を治すのではなく、歌や手芸など、市民の趣味や地域活動などが、誰かの処方箋になるという考え方。そのためには地域の人それぞれが有するXが可視化されていたり、活かせるようになっていたらいい。エックスフルシティになるためには、人間観が変わっていくことや市民ひとりひとりがもつ可能性、潜在性を丁寧に見つめていける「まなざし」の進化がいるだろう。旅人であっても、その人のXは何かを見ていく視点、活かしてもらう視点が今後、まちにはもっといるだろう。

半農半XのXとは何か。大好きなこと、得意なこと、使命、天職、天命、生きる意味、生きがい、ライフワークなど、何でもいい。一番好きなことばを当てはめてもらえたらと思う。誰かのXと誰かのXが組み合わさって、新しい何かが生まれる。そんな理想を表現したのが、「エックス・ミーツ・エックス」（以下、XMX）ということばだ。East meets Westとか、Boy meets Girlとか、「AミーツB」という表現にひかれるなかで考えたのが、XMX。人と会うとき、この人のXと僕のXとのコラボで何ができるだろう、そんなことを思って、人に会う。基本スタンスは、誰とでも何かができる、だ。すぐに何かが生まれなくても、いつか何かが生まれたらいい。娘とも、つれあいとも、隣人や地域の人、旅人とも、何かが生まれることを願っている。

info　ＦＭいかるでは開局以来、市民パーソナリティ制度がある。自分が役立てることが活かせるまちがいい。長年、綾部のレクリエーション界をけん引してきた澤田正一さんは80歳ころまで長年、パーソナリティを務めてこられ、長寿社会のお手本と感じてきた。

22

農業配慮者人口

中国、インド、フェイスブック、半農半X

2021年秋、まだ四半世紀程度だが、「半農半X史」における初の出来事が起こった。JAからの講演依頼だ。先駆者はどこかというと、愛知県内のJA愛知東で、組合員は兼業農家が多いとのことだった。JA愛知東の名を半農半X史に深く刻んでおきたい。ちなみに農業委員会からの初めての講演依頼はどこかというと、2016年の新潟の柏崎市農業委員会だった。

ずいぶん前、僕のなかに「農業配慮者人口」ということばが生まれた。生産人口とか、農業者人口とかいろいろな切り口の人口統計があるが、まだことばにできていない人口があるのではないか。半農半X人口というのもまだないデータだ。釣り人口は1000万といわれ、大きくはずれていない数字だそうが、半農半X人口の

Q 農業配慮者人口を増やすには？

[ ]

データ。それも世界のデータが出るとおもしろいだろう。

２０１１年に出た本『日本人のためのフェイスブック入門』のなかで、世界の人口の多い順として、「中国、インド、フェイスブック」とあった。そのとき、思ったのは半農半Ｘもデータさえあれば、意外と上位にランキングされるのではないかということだ。「家族農業」をされている世界の人々が半農半Ｘコンセプトと出会ったらどうなるだろう。そんなことを思っている。意外ともうそれは始まっているのかもしれない。

農業配慮者人口とは、「農業は大事だ」と農業をリスペクトする人の数をいう。この人を増やすことがこの国に大事だと思う。半農半Ｘを求める人はまさにそうした人だ。専業農家を増やすのは簡単でないが、半農半Ｘから農の入り口に立ち、思いがけず、向いていることを自覚し、専業農家になった人も多い。この国には先人の農的な知恵やこころを大事にしつつ、新しい実験を試みる社会的開拓者が要る。大学時代は教員をめざし、中学の社会と国語の免許を取得したのだが、思いがけないことで綾部市内の中学校で社会科１カ月、国語科３カ月を担当したことがある。そこで特に感じたのが、国語が人の感性を耕すうえで重要ではないかということだった。

info　1000本プロジェクトに参加してくれた岩崎吉隆さんがおこなっているのはＮＰＯ法人スモールファーマーズだ。スクールも人気となっている。

23

田もつくろう　詩もつくろう
これからの時代をことばにするということ

「詩をつくるより、田をつくれ」ということわざに出会ったとき、なるほどと思いつつ、どこか違和感もあった。田んぼや畑で草を取りつつ、畦で休憩しつつ、このことを考えるなかで、他の3パターンを紙に書いてみた。❶「田をつくるより、詩をつくれ」。これはアーティスト的な生き方だ。ご飯のことばかり考えてるアーティストはどうかな。大事なのは魂だ、魂の表現だ、というメッセージ。❷「田もつくるな、詩もつくるな」。農業はプロ農家に、詩は詩人に、谷川俊太郎さんに任せたらいいんだという考え方。いまの日本はそんな感じかもしれない。僕は危険な

Q あなたはどんな詩（＝短歌、写真、陶芸、手芸など）をつくっていきますか？

[　　　　　　　　　　　　　　　　]

状態と考えている。❸「田もつくろう、詩もつくろう」。僕の感覚では、21世紀の方向性はこれではないかと思う。谷川さんは21世紀は詩の時代だという。軍事侵攻や気候変動等で食の危機の時代もさらにやってくるのかもしれない。

「詩をつくるより、田をつくれ」ということわざから生まれた3つのことばについて、全国での講演の際、いつも話すのだが、あるとき、おもしろい出来事が起った。2010年1月、生活協同組合パルシステム山梨さんからの依頼で甲府での講演でこのことを話したところ、150名ほどのアンケートの中に以下の文を見つけた。「私の住んでいる山梨県笛吹市八代町には旧町の時代、『田も作り詩も作ろう』という町民憲法がありました」と書かれていて、驚いた。調べてみると、標語が書かれた看板写真があちこちのブログにアップされていた。いつか笛吹市の旧八代町を訪ね、この標語をつくった経緯などをうかがいたいと思っている。それにしてもすてきな町民憲法！　講演の場にときどき首長がおられることもある。そんなときは、「首長次第では、こんなすてきな町も作ることができるのです」と目を見て話すことにしている。自由学園創立者で、日本人女性初のジャーナリストの羽仁もと子さん（1873-1957）のエッセイに「詩と田」という作品がある。こちらもぜひ読んでほしい作品だ。「詩と田」はきっといまも大事なテーマなのかもしれない。

info　「これからの時代をことばにする」といえば、綾部市でこだわりのニホンミツバチの養蜂をされている志賀生実さん、祐一さん親子は、2020年設立の社名を「週末養蜂」とされている。まさにこれからの時代のことば！　我が家にも巣箱を置いてもらっていたことに感謝。

24

コレクションは身を助く

コツコツ、武器を収集し続けること

「芸は身を助く」という。僕には芸はないが、コレクションしてきたものが助けてきてくれたと感じている。昔はモノも収集していたが、僕がこれまでコレクションしてきたことばメモを公開してみたい。

❶人生や持続可能性、まちづくり、起業等に関する名言（例／「弟子の心に準備ができたとき、ちょうど師匠がやってくる」中国の古いことば）、**❷スタイル**（例／オードリースタイル、オリベスタイル、ロングライフスタイル→21世紀スタイル研究所ブログ）、**❸天職発見法**（例／人生年表、無人島に持っていきたいもの、7つ道具、長く続けてきた

Q あなたがいま収集中のものは何ですか？

［　　　　　　　　　　　　　　　　］

ものなど）、❹**小さな１人研究所**（例／ユニークフェイス研究所、こころの使い方研究所、森のなりわい研究所など）、❺**いい屋号**（例／しゅはり、葉隠、月草、たまにはＴＳＵＫＩでも眺めましょ、カフェ・ド・シンランなど）→屋号力研究所ブログ、❻**グッドコンセプト**（例／Ａ・トフラー「プロシューマー」、ヨーゼフ・ボイス「社会彫刻」、安藤昌益「直耕」、植芝盛平「武農一如」、大阪・應典院「日本一若者が集まる寺」など）、❼**人生やまちづくり、起業などの法則**（例／人生や仕事の結果＝考え方×熱意×能力（京セラ・稲盛和夫さん）、放てば手に満てり、ｇｉｖｅ ａｎｄ ｆｏｒｇｏｔなど）、❽**いいまちに関するキーワード**（例／いいまちにはチャレンジがある、いいまちには文化の香りがある、など）、❾**すぐれた問い**（例／我々はどこから来たのか　我々は何者か　我々はどこへ行くのか（ポール・ゴーギャン）など）、❿**視点**（例／身土不二、地水火風空、冷たい社会と熱い社会など）、⓫**半の思想**（例／半泥子、半透明、半素材、半経済など）、⓬**コンセプトスクールなどのワークショップ素材**（例／漁業とジェンダーに関する問題に詳しい専門家。あなたなら何と何の分野にまたがる専門家？）、⓭**世界観**（例／きらっきらな世界観、ダークな世界観など）ｅｔｃ…。

いかがだろうか。世界にはすてきなピースがたくさん落ちている。他者から学ぶことにより、また新しいコンセプトが僕のなかにも芽生えていく。

info　「まちくさ博士」の重本晋平さん（綾部在住）は街中の道路等で出会う植物に驚き、撮影、ユニークな名づけをおこなう。子どもから大人まで、センス・オブ・ワンダーを育む活動を市内外でおこなっている。

25

制約マニア
創造性と制約の関係

50代のはじめ、京都市立芸術大学の博士後期課程チャレンジをおこなった。取り組んだ論文テーマは「ローカルメディアアーツ〜すでにそこにある豊饒の世界の再構築」だ。個展ができるくらいの作品群と論文。博士論文というにはお粗末だが、2021年1月になんとか提出。同年3月、美術博士の学位をいただいた。余談だが、世界的なベストセラー『ハイ・コンセプト』を書いたダニエル・ピンクは、MFA（美術学修士Master of Fine Arts）は「次のMBAだ」と言っている。

芸大のことは後述（5章）するが、古典的編集手法「A to Z」の可能性について博士論文を執筆していたとき、気づいたことがある。僕は「制約的な発想」が好きなのかもしれないという気づきだ。持続可能な小さな農と天職を組み合わせるとい

Q あなたがいま抱えていて、活かせるかもしれない制約、大事にしている制約は何ですか？

［　　　　］

う「半農半Ｘ」も制約的な発想だ。みんなが自分のテーマを生涯探究する社会をめざす「1人1研究所」も制約をかけつつ、創造性を刺激する発想といえる。「Ａ to Ｚ」というのも、ＡからＺまでのアルファベットにあうことばを日本語や主に英語でキーワード出しをしていくもので、まったくの自由な発想をしていくのにくらべて、あえて制約をかけて発想を刺激する効果をねらうものだ。

デザイナーや建築家はよく「制約が創造性を刺激する」という。「弱いロボット」というコンセプトで新しいロボットのあり方を研究する岡田美智男さんは、著書『弱いロボット』のなかで、弱いロボットという考え方に行き着くまでの自分の研究には、「制約が足りていなかった」と書いている。制約が不足していたというのはおもしろい発想だが、とても重要なことを示唆しているのかもしれない。踏み込んだ制約条件があったほうが研究が進み、実用的になるのだろう。ソフトバンクでロボット「ペッパー」の開発した林要さんも『ゼロイチ―トヨタとソフトバンクで鍛えた「0」から「1」を生み出す思考法』という本の中で、制約の重要性を書いている。

いい意味で、地方は制約だらけだ。この制約を活かし、創造性を刺激することが重要になっていくのかもしれない。「制約の研究」。今後の僕の大事なテーマの1つとしたい。

info　iicome合同会社を経営する綾部の宮園ナオミさんは地元・上林（かんばやし）のお米を活かし、「米粉」の可能性を探究する。「米粉」という制約が創造性を刺激し、いいアイデアが今後もたくさん生まれそうだ。

26

授かりつつ、与えつつ
未来を照らすことばを生み出していく

日本における女性初のジャーナリストで自由学園創立者である羽仁もと子さんのことばに「思想しつつ生活しつつ祈りつつ」というすてきなことばがある。半農半Xコンセプトのおかげで全国発信ができるようになると、いろいろな知恵を全国のみなさんが僕に届けてくださるようにもなった。「与えれば返ってくる」というのは宇宙の法則というがまさにそんな感じだ。岡山のある方は、羽仁もと子さんの「詩と田」という随筆を送ってくれた。戦後まもないころの作品で、以来、宝物にしている文の1つとなった。

Q あなたが与えられるもの、ギフトできるものって何ですか？

［　　　　　　　　　　　　　　　　　　］

羽仁さんの「思想しつつ生活しつつ祈りつつ」ということばに倣えば、半農半Xとは「小さな農をしつつ、天職しつつ」となる。羽仁さんという師の表現に学び、こんなことばも作り、講演とかでメッセージしてきた。それが「食べていきつつ、家庭を築きつつ、社会を変えつつ」だ。何とか自分らしく働き、世に貢献していく。そして、よいパートナーと出会い、家庭を築いていく。さらにそれでよしとせず、大変だけど、社会変革も忘れずにいこう、というもの。「社会起業家」であれば、そんな会社に入れば、1番目と3番目の2つをクリアできる。あとは家庭のみだ。それでも「いまは3つとも難しい時代ですね」と言われることもある。たしかにそうかもしれない。さらにこの発信を15年ほど続けていくと、「家庭を築く」というのもあまり口に出せないようにもなった。家族こそ大事だと思っていても。

２０２１年、半農半Xについて、京都のかもがわ出版のオンラインインタビューに答えるなかで、「授かりつつ、与えつつ」ということばが生まれた。半農半Xとは要はこの2つの動詞をいうのではないか。授かっていることを忘れ、持っているものを独占し、与えない生き方をしつつある僕たち。それでもなんとか、「授かりつつ、与えつつ」のこころを思い出していきたいと願う。時の試練を経ても生き残る未来の方向性を照らすことばを生み出せるよう精進していきたい。

info　京都のかもがわ出版から出た関根佳恵監修・著、全３巻シリーズ『家族農業が世界を変える』は第24回学校図書館出版賞を受賞（2022年）。第３巻「多様性ある社会をつくる」（2022年３月刊行）に、半農半Ｘについての上記のことばを載せたコラム記事が２頁にわたり掲載されている。

第2章　参考文献

日本リサイクル運動市民の会編「エコロジーグッズカタログ'91～緑の地球を愛する人へ」日本リサイクル運動市民の会、1991
町田洋次『社会起業家～「よい社会」をつくる人たち』PHP新書、2000
駒崎弘樹『政策起業家～「普通のあなた」が社会のルールを変える方法』ちくま新書、2022
M・ミントロム著、石田祐・三井俊介訳『政策起業家が社会を変える―ソーシャルイノベーションの新たな担い手』ミネルヴァ書房、2022
星川淳『地球生活―ガイア時代のライフ・パラダイム』徳間書店、1990
星川淳『エコロジーって何だろう』ダイヤモンド社、1995
星川淳『屋久島の時間（とき）―水と緑の12か月』工作舎、1995
季刊地域編集部『シリーズ田園回帰6　新規就農・就林への道』農山漁村文化協会、2017
吉田基晴『本社は田舎に限る』講談社＋α新書、2018
望月照彦「地域の未来と可能性を描く〝社会デザイン〟の構想（2）」日本生産性新聞　2012年4月25日
田中利典『体を使って心をおさめる 修験道入門』集英社新書、2014
イアン・アトキンソン『最高の答えがひらめく、12の思考ツール―問題解決のためのクリエイティブ思考』BNN新社、2015
島村菜津「若さ引きつける『文化の香り』」全国農業新聞「論点」2013年12月3日
丹後本製作委員会『ひ・み・つの丹後本 丹後人が教える京都・丹後半島ローカルガイド』丹後本製作委員会、2018
西智弘編著『社会的処方～孤立という病を地域のつながりで治す方法』学芸出版社、2020
松宮義仁『日本人のためのフェイスブック入門』フォレスト出版、2011
羽仁もと子『羽仁もと子著作集第20巻自由・協力・愛』（「詩と田」）婦人之友社、1963
ダニエル・ピンク『ハイ・コンセプト―「新しいこと」を考え出す人の時代』三笠書房、2006
岡田美智男『弱いロボット』医学書院、2012
林要『ゼロイチ―トヨタとソフトバンクで鍛えた「0」から「1」を生み出す思考法』ダイヤモンド社、2016
関根佳恵監修・著『家族農業が世界を変える　第3巻・多様性ある社会をつくる』かもがわ出版、2022

第3章

里山ねっと・あやべからの学び

綾部（2000〜2015）

27

人生探求都市を求めて
日本の天職、綾部の天職

在野のキリスト教思想家・内村鑑三が1924年、「日本の天職」という随筆を書いている。その存在を知ったとき、「綾部の天職」ということばが浮かんできた。

綾部はどんなまちになればいいのか。どんなまちであれば、綾部はミッションを果たせるのか。僕がたどり着いたのが「人生探求都市」という方向性、ビジョンだ。迷える旅人が綾部にやってきて、未来のヒントを得られるイメージ。それも偉い人に謁見して、教えを乞うのではない。里山を歩いていて、畑仕事をするおばあちゃんと出会い、その会話のなかに人生のヒントや持続可能な生き方のヒントが得られたり、農家民宿での夕食後の会話になかにヒントをもらったり。逆に旅人がいいヒントを宿の主に返礼、贈与する、そんなイメージだ。

Q あなたがほしい人生のヒントは何ですか？

[　　　　　　　　　　　　　　　　　　　　]

人生探求都市にはそんなすてきな農家民宿やカフェ、個店、野道や畑、田んぼの畦や学び舎、シェアオフィスなどがある。旅人だけではない。市民もみんなそれぞれのミッションに気づいていたりするまち。成熟した時代のまち。２０１９年、あやべ市民新聞社の移住立国プロジェクトと共同で綾部の人生探求系のスポット（人、店など）を紹介した冊子「天職観光A to Z【綾部編】」を作った。CDジャケットサイズ16頁の小さな「もう1つのガイドブック」だ。A to Z専用ホームページで公開しているのでぜひご覧いただければと思う。みなさんのまちでもぜひ新たな切り口で町の魅力を再編集してほしい。余談だが、天職観光A to Zの奈良、島根、鳥取、岡山の4県版が福知山公立大生によってできている。ふるさとを天職支援の観点から26の旅先を紹介するものだ。堺出身の学生がつくった超マニアックな古墳編というのもある。

僕は「いいまちのキーワード」というコレクションのほかに、全国のまちのキャッチフレーズなどに関心をもってきて、メモをしてきた。たとえば、北海道東川町の「写真の町」、和歌山県高野町の「宗教環境都市」、鳥取県境港市の「さかなと鬼太郎のまち」など。みなさんのまちはどんなキャッチフレーズがついているだろう。名づけは魔法。いい名前をつけてあげてほしい。

info 綾部を旅するときは木のおもちゃの店「Chirp（チャープ）」やカフェ「日々」「そばの花」「あじき堂」「竹松うどん店」「綾部つむぎ」など、ぜひ訪ねてほしい。

28

まちも自分探しをしている
綾部の型は何か

綾部は「昭和の大合併」による3回の合併を経て、昭和31年に現在の綾部市となった。市域は「平成の合併」前は近畿で3番目の広さであった。日本各地の「平成の大合併」を見て、僕が感じてきたのは、自分探しは人だけでなく、広域となった市や町も自分探しをしているのではないかということだ。いまも同じ思いを僕は抱いている。

Uターン以来、綾部とは何か、綾部の「型(かた)」は何か、を問うことが僕の1つのテー

Q あなたが住むまちの型は？キーワードを３つあげてみてください。

［　　　　　　　　　　　　　　　　　　　　］

マとなった。できれば、それを言語化したい。僕の場合は半農半Xということば、コンセプト、羅針盤の誕生で自分探しは終了したと思っている。悩むことはなく、自分ではぶれずにいるのではないかと思っている。他者がどう見るかは知らないが（笑）。市や町はコンセプト1つでぶれないというほど、簡単なものではないだろうが、それでもコンセプトは大事なことを教えてくれると思う。

1章で紹介した「自分の型」を探る手法を使い、僕なりに綾部の3つのキーワードをあげるとしたら、「里山・平和」（アンネのバラ育苗地、世界連邦都市宣言第1号、大本の国家弾圧など）×「自己探求」（キリスト教精神のグンゼ、民衆宗教「大本」や高橋和巳の小説「邪宗門」、大本の第3代教主補・出口日出麿のベストセラー「生きがい3部作」）×「ものづくり」（グンゼ、ねじの日東精工、水平器のアカツキ製作所、茶業など）となる。

綾部のまちづくりに約20年間かかわるなかで、感じてきたのは、綾部はまちづくりをおこないやすい地ではないかということだった。アイデンティティーにブレは少ない。観光地ではないので過去の成功体験もないという自由さ。

綾部だけでなく、市や町の自分探しはこれからも続いていくだろう。それでもあるべき自分、ビジョンを見つけている市町も増えている。北海道東川町や長崎県対馬市などがそうだろう。新たな時代の綾部はどうなっていくのだろう。

info　いまは南丹市となった旧美山町は、まちとしての自己探求が進んだ地域だったのかもしれない。その昔、京都府の農村活性化系の会議でご一緒した小馬勝美さん（観光カリスマ）というスケールの大きい助役さんがいたことをふと思い出す。

29

人生探求系の地図をつくる

つばさがはえるちず

２０００年ころ、京都市在住だったイラストレーターの田谷美代子さん（現在、美術家）につくってもらった地図がある。「とよさとにし　つばさがはえるちず」は、僕の母校である旧豊里西小学校区（綾部市小西町・鍛冶屋町・小畑町の3自治会、約２５０世帯）のエリアマップだ。校区のカタチが鳥がつばさを広げているように見えることから、こう名づけられた。マップサイズは折りたたんでハガキサイズ、広げればA２サイズ＝60㎝×42㎝、両面カラー刷り。予算は綾部市農林課がちょう

Q　あなたが地図をつくるならどんな地図をつくる？

［　　　　　　　　　　　　　　　　　　　　　　　］

ど持っていて、チャンスがめぐってきた。表面は田谷さんの手書き地図で、お弁当を食べるのにいいところ、鼻歌がでるくらい「場の気」のいいところ、村を歩いて見つけたり、村びととの会話で得た物語なども記されている。裏面はハガキサイズ16話の物語になっている。例えば、朝の再生力、夜の暗闇の魅力、地元グループによる花しょうぶ園の魅力、小枝やつるなど自然素材を使ってのミニアートづくりのススメ、宇治茶を支える茶処・小西茶業組合が産するお茶の効用、町の産物（小畑みそ）を活かしたドレッシングレシピ、そしてミニワーク。

縁があって我が家に遊びに来てくれた田谷さん。地図づくりの機会を市からもらい、離れに住んで、半年滞在して、地図づくりをしていただいた。特に驚いたのが、美大出身の田谷さんの感覚だ。曲がりくねった小道がいいとか、5月ころ、アスファルトを横断するヒトリガの幼虫がユニークだとか。子ども心、センス・オブ・ワンダー（自然の神秘さや不思議さに目を見張る感性）を忘れないことがますます大事な時代になっていく。田谷さんは僕の感性の先生となった。僕も地図好きで、旅先で見つけると集めたりしてきた。いろいろな地図はあっても、この世にはまだ「人生探求系の地図」は少ない。このつばさがはえる地図はその先駆け的な作品だったかもしれない。

info　まちづくり系の良書をたくさん出している京都の学芸出版社。手書き地図推進委員会編著『地元を再発見する！手書き地図のつくり方』（2019）はおすすめの1冊だ。

30

100のアートがある村

里山力×ソフト力×人財力

半農半Xというのはライフスタイル論的な捉え方もあったが、いまは政策の領域にも入っている。拙著がちくま文庫になる2014年、追加原稿に「今後は半農半X担当部署もできるかもしれない」と書いたが、そんな時代になってきた。

この章では公設民営の「里山ねっと・あやべ」(以下、里山ねっと)での学びを中心に書いている。いまから思えば、半農半X研究所と里山ねっとの「両輪の活動」は大事であった。里山ねっとの拠点は母校の旧豊里西小学校だ。綾部にUターンして2カ月後、閉校となる。狙って帰郷はしていないが、何事もタイミング、「天の時」というのはあるのだろう。跡地は里山を活かして、都市農村交流をおこなう拠点となった。縁あって、立ち上げスタッフとなる。風景等の魅力「里山力」×知恵やア

Q あなたのまちでできそうなアートは？

[　　　　　　　　　　　　　　　　　　　]

イデア「ソフト力」×人の魅力「人財力」の掛け算で綾部らしい活動ができればと思った。

いろいろな可能性を感じてきたが、特にいいなと思ったのは、「センス・オブ・ワンダーな里山 村散策」。何度歩いても飽きないものだった。美しく薪が積んである村風景。かわいい顔をしたトラクター、大八車のオブジェ、古墳が連なる八塚という風水的にもいいエリアなど。なかでも一番の自慢は「お地蔵さまと一本檜」の風景だ。それぞれを1とカウントし、100のミニアートがある村ができないか。「100のミニアートがある村」がたくさんある綾部にできないか。綾部には200弱の自治会がある。単純計算すると2万のアートがあるまちとなる。僕も道沿いの小屋の前に、自慢の木枝を3本立ててみた。題して「枝アート（edart）」だ。

福井県池田町の「日本農村力デザイン大学」で民俗研究家・結城登美雄さんと村を歩いた際、S字型をした木の枝があちこち道具として使われているのを見つけた。滋賀県彦根市の中山道の宿場町「鳥居本宿」では、「井伊の赤備え」にちなみ赤色のもの（傘、ランドセル、セーターなど）を道路沿い（玄関前、門柱、生垣）に置く試みが以前された。活用できるものやできることはまだまだたくさんあると教えてくれる。

info 福知山市三和町川合地区において、移住を視野に入れつつ、地域探検と地域資源をAtoZでベスト26にまとめる画期的なイベントが、京都府中丹広域振興局主催で2018年におこなわれた。同地区には安産祈願で有名な大原神社など宝物だらけだった。

31

物語数
新しいものさしをつくろう

綾部はいわゆる観光地ではなく、お土産物で目立って売れるものも多くない。観光客をあらわす入込客数や売上高で勝負することはなかなか困難。そこで至った考えが、そうした土俵で戦わないという選択をすべきではないかということだった。

僕が考えたのが綾部で生まれる「物語の数」を増やすことをめざすということだった。土俵を変える戦略。そこで生まれたことばが、「物語数」という考え方だっ

Q 最近、身近なところで生まれたすてきな物語は何ですか？

［　　　　　　　　　　　　　　　　　　　］

た。実際にあった話だが、神戸の徳平章さんというデザイン会社を経営されている方が綾部と出会い、綾部ファンとなってくださった。お隣の集落・小畑町の女性加工グループ「空山グループ」がつくる味噌や漬物などの産品のパッケージやポスターを手弁当で応援してくださった。農家民宿に泊まった若い方は、オーナーの女性に名刺をつくってプレゼントした。女性は「70歳で人生初めて名刺を持った」と喜ばれた。若い人にとってはパソコンで名刺をつくるのは簡単で、それをプレゼントしたのだった。石窯づくりのワークショップで出会った２人が結婚など、たくさんすてきな物語が誕生していく。我が家だけでもＵターンしてこの20年、たくさんの物語がたくさんの出会いの中で生まれている。綾部市民すべてを足せば、どれくらいの物語が生まれただろう。

この綾部の地で、まずは１万の物語が生まれたら。物語がゆっくり積まれていくことは小さなことだが、積み重なっていくと大きな力になっていくだろう。新しい指標として指数として「物語」があるのではないか。そんなことをあらためて本書で世に再提案してみたい。交流人口、そして関係人口。次はどんな「○○人口」ということばが生まれるのか。楽しみであるし、僕も新たなビジョンを新語にして世に送り出していきたいと思っている。

info　縁あって、茨城県で親しまれている「茨城新聞」をいただいた。県内の地域版が各１頁になっていて、どこに住んでいてもすべて読めるようになっている。デジタルでは読めるが、京都新聞も丹後中丹版、丹波版などが京都市内の読者にも紙で届く仕組みができないだろうか。

32

使命多様性と地域多様性を活かして

囲碁系農家民宿

農家民宿の先進地である大分県の安心院町（当地では「農村民泊（農泊）」と表現）に視察に行ったのは2000年のことだった。当時、母校の旧豊里西小学校（綾部市里山交流研修センター）では宿泊がまだできず、日帰り旅での交流の限界もある。公共の宿ではないところに泊まりたいニーズも多かった。模索したのが農家民宿だ。新聞で大きく紹介された安心院の2カ所で計2泊させていただいた。行って感じたのは、風景も綾部と変わらず、似ていて、綾部でも可能性が大いにあるのではということだった。いま、綾部では20を超える農家民宿が誕生している（「手紙の木の家」など）。

Q あなたが開業するなら、どんなコンセプトの農家民宿にしますか？

[　　　　　　　　]

安心院に行って、疑問だったことの１つが「１強（独り勝ち）にならないか」ということだった。安心院にはメディアによく出る有名な農家民宿があった。その後の綾部の動きから見えてきたのは、同じように見えてしまう農家民宿も個性は出せるし、オリジナリティは創っていけるということだった。どの家にも囲炉裏がある必要はない。そうではないところでこそ個性は創れる。綾部の場合は移住された方が開業されるほうが多く、自然食、マクロビオティック系の料理が強いのも特徴かもしれない。第１章で紹介した「型（３つのキーワードの掛け算）」は農家民宿にも活かせる考え方だ。平和系、アート系、音楽系、マクロビオティック系、建築系などの主となるキーワードに、さらに２つのキーワードを重ねていけばいい。

僕が以前からあってほしいと願ってきた農家民宿は「囲碁系農家民宿」だ。縁側で「ヒカルの碁」が好きな囲碁少年・少女とオーナーが対局しつつ、談笑するイメージ。すでにあるかもしれないが、ジョン・レノンの「イマジン」が１泊２日で弾けるようになるピアノやギターレッスン付き農家民宿。タロット占いで未来を教えてくれる農家民宿。プログラミングができたり、ドローン操縦が学べる農家民宿。新たなタイプの農家民宿がこの国に増えていってほしいと願う。農家民宿はすばらしい発明だ。さらに「意味のイノベーション」で進化していってほしい。

info 綾部市西方町の農家民宿「ぼっかって」は、アーティストのアキフミキングさん、加納まゆ香さん夫妻の自然食、お菓子、そして２人の自然農というすてきな掛け算の農家民宿だ。

33

静けさとにぎわいと新たな時代の家づくり、まちづくり

村のなかでも、山や森のなかでも、街中でも、商店街でも。僕は「静けさ」と「にぎわい」の両方が大事ではないかと思ってきた。にぎわいのなかに静寂な空間、たとえば、自分と向かい合えるお寺や神社の境内、鎮守の森がある、いいカフェなどがある。静かな村でも子どもが遊んでいたり、旅人がカントリーウォークをしていたり、森や山の中でも人の働く作業音が聞こえるイメージ。

Q あなたがまちで静けさとにぎわいをつくるなら何をしますか？

［　　　　　　　　　　　　　　　　　　］

にぎわいすぎると、オーバーツーリズムとなり、ゼロとなると人の手が入らず、滅びてしまう。里山のよさはやはり「手を入れること」「手入れの思想」があることだ。解剖学者の養老孟司さんの本で知ったことば「手入れの思想」。いいことばだ。「静けさとにぎわい」の大事さは、空間だけでなく、人生においてもいえることかもしれない。たとえば、他者との対話はにぎわい。写経や創作は自己対話で静けさ、という感じに。

フェリシモ時代、京都嵯峨芸術大学（現嵯峨美術大学）の先生で森本武さんというヨガ好きの研究者の存在を知り、著書『デザインを始めた人のための考える方法』や『負のデザイン』を読んできた。いまもなぜか手放せない本だ。

その『負のデザイン』の中で知ったのだが、「方丈記」で有名な鴨長明の小さな庵には３つの空間があったという話。３つの空間の１つは「創作空間」。文机があり、ものを書く空間だ。２つ目は「生活の空間」。食べたり寝たりの空間だ。３つ目は畳半畳ほどの「瞑想空間」。今、この瞑想空間が現代の家から、暮らしから無くなっているという指摘。その庵を復元した写真が載っていて、いまも心に残っている。

まちづくりの思想に、家づくりの思想に、創作、団らん、瞑想の３つの空間を入れるという発想が再び大事にされる時代がくればと思う。

info　スモールビジネス女性起業塾にも講師で来ていただいた京都府舞鶴市の大滝工務店代表の大滝雄介さん。古民家のリノベーション、まちづくりをおこなう一般社団法人「KOKIN」代表でもある大滝さんならどんなアイデアをくれるだろう。

34

旅人がエッセイを書いてくれるまち

旅先にお金以外のものをギフトする時代へ

綾部で農家民宿の試験導入を試み始めたのは2000年代の前半ころ。泊まった若い方に旅のエッセイをよく書いてもらってきた。初期は倶楽部制で、農家民宿の体験希望を里山ねっと・あやべ事務局で受け付けていた。メールでやりとりをするので、その人が文章を書くのが上手かどうかがすぐわかる。宿泊後、「体験記エッセイを書いてもらえませんか」と頼むと、皆さん、手弁当で書いてくれた。皆さん、実にいい文を書かれた。エッセイを里山ねっとのホームページ（初期はデザイナーの相根良孝さん作。田谷美代子さんのイラストとのコラボがよかった）で紹介すると、読ま

Q あなたのまちで新たな地域資源になるものは？

［　　　　　　　　　　　　　　　　　　］

れた方が「すごくよかったので泊まりたい」となり、すごくいい循環になってきた。名付けて「旅人がエッセイを書いてくれるまち」。

めざすまちの姿をことばで表現する大事さを教えてくれたのは、『赤毛のアン』の主人公アン・シャーリーだ。アンは言う。「あんなすばらしい場所を、ただの〈並木道〉だなんて。そんな名前、なんの意味もないじゃない。ちゃんとした名前をつけてあげなくちゃ（中略）ほかの人は、あそこは〈並木道〉だというかもしれないけど、わたしは〈よろこびの白い道〉ってよぶことにするわ」（『完訳 赤毛のアンシリーズ1　赤毛のアン』L・M・モンゴメリー著、掛川恭子訳）。里山ねっとの発足時、同僚女性がアンのことを教えてくれたことから「旅人がエッセイを書いてくれるまち」という考え方が生まれた。

センスのいい文や写真、動画、ドローン映像などにより、そのまちの地域資源、文化資産が増えていく。旅人が応援してくれるまち。僕が楽天ブログ（半農半Xブログ）を書き始めたのが2003年。フェイスブックは2010年からだ。いままでは発信は当たり前のことだが、「旅人がエッセイを書いてくれるまち」をつくることはこれからも大事になっていくだろう。旅人も訪れたまちに、お金以外のものをギフトする、そんな時代にしていきたい。

info　綾部の写真家・鈴木隆さんは綾部市奥上林地域のシャガ（アヤメ科の花）の群生地を世に出した方だ。未見の方はぜひペンとノート、カメラを持って、訪れてみてほしい。ミツマタの時期もすばらしい。

35

本がお土産のまち

本を活かしたまちをつくる

ソニー・マガジンズから、「半農半Xを本にしましょう」とメールをもらったのは、2003年1月のこと。人生がそんな展開になるとは思ってもみない半年前、福井県の丸岡文化財団の「一筆啓上賞」に応募していた。第10回目の募集テーマは「喜怒哀楽」。我が家の小さな娘が地団駄を上手に踏むことを書いたら、最優秀の10点に選ばれた。「きみは小さな足でかわいい地団駄を踏む。いったい誰から教わったんだい？」という作品だ。余談だが、審査委員の一人は歌人の俵万智さんだった。

入賞作品は毎年、出版されている。授賞式へ行く途中、紙漉きで有名な越前市など、いろいろな地に立ち寄った。お土産物売り場には入賞作品集『日本一短い手紙シリーズ』が置いてあり、本を買う人の姿がよく見られた。そして、その時感じた

Q あなたのまちでお土産本をつくるならどんな本をつくりますか？

［　　　　］

のが、本がお土産のまちっていいかも、綾部もそんなまちにできないかということだった。

半農半Ｘの新聞記事が関西圏で掲載され、大阪の出版社「遊タイム出版」が綾部まで会いに来てくださった。意見交換をするなかで新著として提案したのが、「お土産になる本をつくりたい」だった。そうして、『綾部発　半農半Ｘな人生の歩き方88』が２００７年に誕生。コレクションしてきたことばを散りばめつつ、半農半Ｘな綾部人を88名紹介する本。駅前の観光センターやあやべ特産館でも、お土産本として販売することができた。旅人が本を買って帰り、読んだ人が友に貸し、その友がまた綾部に旅するイメージ。この本は思いがけず、台湾や中国でも翻訳され、海の向こうに住む人が綾部に視察で来る際、「何頁に載っているおばあちゃんに会いたい」などと言われるようになった。

綾部での「本がお土産のまち」の取り組みだが、あやべ特産館では、蒲田正樹さんの『驚きの地方創生「京都・あやべスタイル」』や高名な修験僧・田中利典さんの『体を使って心をおさめる修験道入門』など増えている。こうしたまちはまだ少ないのかもしれない。本によるまちづくりの事例（温泉地で有名な兵庫県の城崎での取り組みなど）は、これからも注目したい。

info　『綾部発　半農半Ｘな人生の歩き方88』だが、その後、綾部にはたくさんのＵＩターンが誕生している。続編を誰か書いてくれたらうれしい。過去には長野県安曇野編も誕生しているので、他のまち編とかも生まれたらすてきだ。

36

かくまちBOOK

「書く」という観点からのまちづくり

京都府立綾部高校時代の同級生3名が本を出している。対話教育研究所代表・小山英樹さん（『子どもを伸ばす5つの法則』など）、作家・藤沢あゆみさん（『やれる！』『乗り切る力』など）、日本経済新聞社の前野雅弥さん（『田中角栄のふろしき』など）だ。4人勢ぞろいで何かイベントを、ということはまだできていないが、いつかそんな日が来るのもおもしろい。高校時代の国語教師がよかったかどうかわからないが、そうであったらおもしろい。書く力や新概念を創出する力はこれからもますます重要になると思う。少し上の先輩にはスポーツライターの松井浩さん（『強豪校の監督術―高校野球・名将の若者育成法』など）がいて、少し下の世代の東京新聞勤務・樋口薫

Q 紙とペンをもって、まちでできることは？

［　　　　　　　　　　　　　　　　　　　］

さんが最近、『受け師の道―百折不撓の棋士・木村一基』を出版された。綾部市は新図書館を構想中なので、未来の書き手（作家）を増やす事業もお願いしたい。青森県八戸市の図書館のように。

まちづくりに関わるようになり、紙とペンを使い、まちの潜在性を探り、可視化することはもっとできるのでは、と思うようになった。そこで取り組んだのが、「書く」という観点からのまちづくり、という冊子づくりとワークショップだ。聞き書きは「聞くこと」「傾聴」がメインとなるが、持っているものを引き出せる問いを用意し、記入していくなかで気づいたり、思い出せたり、創造できたりするツールができないだろうか。

京都府の地域力再生プロジェクトの助成を得て、「かくまちＢＯＯＫ―『書く』という観点からのまちづくり」（Ａ５版、16頁、２０１２）という冊子を編み、講座を開催した。松井浩さん、小山英樹さん、藤沢あゆみさんにも講師で登壇いただいた。僕は「書く」ということの可能性がもっとあるのではないかと思っている。福知山公立大学の授業の感想シートも既存の用紙は使わず、毎回、オリジナルのリフレクションペーパーを作ってきた。書くという心の対話の可能性をもっと探究することをおこない、「ワークブックメーカー」という道も探ってみたいと思っている。

info　ＮＨＫの朝ドラ「あまちゃん」などに出演されてきた綾部出身の俳優・塩見三省さん（1948年生まれ）が2021年、『歌うように伝えたい〜人生を中断した私の再生と希望』（角川春樹事務所）という本を出された。帯文は執筆をすすめた星野源さんが書いている。

37
整理ツーリズム
思考の整理をする旅

僕の母校の小学校（旧豊里西小学校、綾部市里山交流研修センター）に1泊してもらい、翌朝9時から2時間、僕との対話を通じて思考の整理。そのあと、すっきりとした気分で、信号のない我が村を「センス・オブ・ワンダーな里山・村散策」。そのあと、市内で昼ご飯。里山で「思考の整理」を応援する「整理ツーリズム」という試みを10年ほど前、おこなっていた。いろいろなツーリズムがあるが、めざしたのは、新たなコンセプトの旅。

コンサルタントというのはクライアントの課題を完璧に整理するという。めざしたのは、そんなことだったのかもしれない。整理ツーリズムはまだ荒削りのものだったかもしれないが、成熟時代の今後の旅を構想するいま、僕は可能性をいまも

Q あなたがいま整理したテーマはなんですか？

『　　　　』

感じている。発刊して40年となる外山滋比古さんの『思考の整理学』が今もロングセラーを続けているように、思考の整理は今後も多くの人のテーマであり続けるだろう。

観光の世界では「コンセプト宿」「コンセプトホテル」というキーワードがある。良書をそろえた図書コーナーを設け、「自分と向き合う」ことに力を入れる宿もゆっくり増えている（例／城崎温泉の泉翠など）。「アイデアは再利用できる」とデザイナーの原研哉さんは『日本のデザイン〜美意識がつくる未来』に書いていた。本書を読まれた方が、この整理ツーリズムというコンセプトをそれぞれの地でさらに深化、進化させてくれたらうれしい。

創造的問題解決手法として有名な「ＫＪ法」を生み出した文化人類学者の川喜田二郎さんは『野性の復興』（１９９５年）という本のなかで、「田舎というところは、研究所機関を誘致したり、アイデアが生まれるような思索産業をめざすべきだ」と書いている。付随する施設（カフェやレストラン、新旧の書店など）の充実もいるが、１００年前の田園都市論をさらに「意味のイノベーション」することで何か生まれるかもしれない。ガストロノミーツーリズム（その土地の食文化に触れることを目的とする）もいいけれど、そこには何か足りない気がするのは、僕だけだろうか。

info 京都三条の三条会商店街にあるゲストハウス「Talbot（トルボット）」は、フィルム写真を現像できる「泊まれる写真ラボ」。コンセプトの進化はおもしろい。

38

交流デザイン

セレンディピティが減りゆく時代に

九州でツーリズム大学が盛んになったころ、関西はそうした学びの場の空白地でもあるので、「綾部でもおこなおう」というミッション（命）が降りてきた。2007年、「綾部里山交流大学」（以下、交流大）が開校した。会場は母校の小学校（綾部市里山交流研修センター）。縁あって、僕に企画役がまわってきた。

校名は里山交流大学という案があって、変更の余地はなかったのだが、地域名として綾部の文字も加えた。綾部出身の企業家・永井幸喜さん（関東などでホームセンターを手掛ける「ケーヨー」創業者）の基金が財源となるよう、当時の四方八洲男市長がとりはからってくれた。母校の施設改修をおこない、宿泊も可能。交流大は綾部

Q　あなたの周辺で「交流デザイン」するなら何から始める？

[　　　　　　　　　　]

で2泊3日し、6食をともにし、6名の講師から、参加者同士の対話から学びを深めていくもので、参加費はたしかすべて込みで25000円だった（現地集合）。

綾部の里山をフィールドとする交流大では何を学ぶのか、どんな学科があればいいのか。そこでつくったのが「交流デザイン」ということばだ。ネットで調べてみても、「交流デザイン」ということばは出てこなかった。交流というものは国際交流とか対人的な心理の交流分析がメインで、まだ手つかずの分野だったのかもしれない。交流デザイン学科のなかに「感性学」「地域資源学」「交流デザイン学」「価値創出学」「情報発信学」「綾部型学」の6方面から刺激的な講師を招いてきた。過去に出講いただいた講師をあげると、「大地の芸術祭」などをプロデュースされてきた北川フラムさん、民俗研究家の結城登美雄さん、農と自然の研究所の宇根豊さん、石見銀山生活文化研究所の松場登美さん、野草料理研究家の若杉友子さん、studio-L代表でコミュニティデザイナーの山崎亮さん、ETIC.代表の宮城治男さん、マイファーム代表の西辻一真さんなど。交流大の交流デザイン学科の講座の際は、京都大学大学院農学研究科の秋津元輝教授に毎回、コーディネーターをお世話になってきた。いま、セレンディピティが減っているといわれるが、交流デザインは今後の世界においても重要なコンセプトだと思う。

info　府外の講師が多かったが、府内の講師では、「富士酢」で有名な宮津市の飯尾醸造・飯尾毅前社長や自給自足の達人・美山町「田歌舎」の藤原誉さんなどにもお世話になった。

39

平和甲子園と平和探究コース

世界から異才が綾部にやってくるイメージ

綾部市は全国に先駆けて、戦後間もない1950年（昭和25）に第1号の「世界連邦都市宣言」をおこなった。我が母校の旧豊里西小の校歌の冒頭の歌詞には「平和都市　綾部の西に　雲よぎる空山のもと」とあった。「平和都市」ということばを小学の6年間、朝礼や行事で歌ってきたことの意味をあらためて考える。

「観光甲子園」というコンセプトで全国の高校生がアイデアを競う選手権を企画されている方からお話をうかがった時、大変驚いた。綾部でならどんな甲子園をすべきなのか、宿題をもらったようだった。8年ほど前、綾部世界連邦運動協会（事務局・綾部市役所）の企画委員に任命された際、温めてきた「平和甲子園」というプランを出してみた。綾部では小中学生を対象に平和と環境に関するポスター・作文

Q あなたならどんな甲子園を企画する？

[　　　　　　　　　　　　　　　　]

コンテストをおこない、毎年表彰してきた。平和甲子園は全国、いや世界の高校生を対象とするものだ。実践企画と思想哲学の２部門を構想。審査員はたとえば、人類学者・中沢新一さん。綾部とのご縁もある。綾部出身の市井の哲学者・波多野一郎が１９６５年に自費出版した幻の書『イカの哲学』を、中沢さんが２００８年、再び世に送り出し、新しい平和学として提唱した（集英社新書版『イカの哲学』）。中沢さんは２０１５年、綾部でおこなわれた世界連邦日本大会で「平和の富」という題で基調講演もしている。他の審査委員候補もすぐ意見がでた。

ついでながら、妄想を書くと、母校の京都府立綾部高校に「平和探究コース」が設置できたらと思う。こちらも全国から異才がやってくるイメージ。時の市長にこのことを話したら、「就職は？」というので、「まずは広島大や長崎大などに進学し、研究を続けてくれたら」と答えた。アイデアというものは埋もれていくもの。しかし、波多野さんの『イカの哲学』のように、中沢さんのような方が光をあててくれて、世に出るかもしれない。余談だが、高校生といえば、高知で講演をしたとき、進学直前の高３生が聞いてくれて、こんな質問をしてくれた。「ロビー活動はされていますか？」と。僕たちが思っている以上に、すばらしい高校生は多いと予想している。希望はそこにあると。

info　ＪＲ綾部駅北口には、アンネ・フランクにちなむ「アンネのバラ」群とアンネ像がある。山室建治さんは「アンネのバラ」の育苗を親子２代で無償でおこなう奇跡のような人だ。

40

4つのもったいない
あるものでこの世にないものをつくる

ワンガリ・マータイさんが日本語の「もったいない」に光をあててくれたのは2005年のこと。あれからずいぶん経つが、日本は、フードロスも、富山県ほどの面積になるといわれる全国の耕作放棄地も、古い価値観の残存など、もったいないことだらけだ。「もったいない」のことを考えていたら、この国にはあと3つのもったいないがあるのではないかと思うようになった。

1つ目は「地域資源の未活用」というもったいないだ。最近、うれしい動きが、京都府亀岡市の「かめおか霧の芸術祭」だ。視界が悪くなったり、やっかいものの

Q あなたが眠らせているものは何ですか？コラボしたい人は誰ですか？

［　　　　　　　　　　　　　　　　］

霧だったりするが、農作物には保湿となったりする。最近は霧の発生日数も減っているともいわれ、気がかりだ。綾部も福知山も「霧の都」だが、霧を活かすという発想は大いに学びたい。美術家・中谷芙二子さんは「霧のアーティスト」と呼ばれる。そんな人もいるのだ。活かす資源は何でもいい。階段や坂道の多いまちを活かすのでもいい。琵琶湖周辺の山城跡でののろし駅伝もすばらしい取り組みだ。

もったいないの2つ目は、「1人ひとりのXの未発揮」というもったいない。「1人ひとりの有するX」を活かせる国に、時代になればと思う。それはマニアックなことでいい。マニアックなことほどいい。そんな時代が今なのだと思う。

3つ目のもったいないは、「Xの未コラボレーション」だ。アイデアも、イノベーションも、基本は「既存のものの新しい組み合わせ」「新結合」。地域内でも、国内でも、海外でもコラボレーションが活発とは、まだまだいえない。「年に3つ、誰かとコラボをすることを国や県が推奨する」。そんな時代にしたい。それを支援する、支援し合う時代ができないだろうか。

マータイさんのもったいないと、この3つを合わせ、僕は「4つのもったいない」と呼んでいる。「在るものを活かし、無いものを創る」とは、福武總一郎さんのことばだが、めざすところはそこなのだと思う。

info　『減速して生きる〜ダウンシフターズ』の髙坂勝さんのお店（東京都、現在閉店）で出会った山根顕さん・安達伸子さん夫妻が東京から綾部に移住してくれた。綾部で農家民宿「一汁一菜の宿 ちゃぶダイニング」を開業。いつか何かコラボできたら！

41 キーワードをコレクションしよう

いいまちコレクション

いいまちとは何か。ヒントをくれるキーワードを6年ほど、コレクション中だ。いろいろなところで出会うキーワードを収集すれば、おもしろいし、誰かの役に立つだろうし、そこから新しいキーワード、コンセプトもつくれるかもしれない。美術家の村上隆さんは『芸術起業論』の中で「新しいものや新しい概念を作り出すには、お金と時間の元手がものすごくかかります」という。

２０１７年3月13日の朝日新聞「田園回帰をたどって」という連載（全10回）に、北海道下川町の取り組みが紹介されていた。そこで出会ったのが、「チャレンジが

Q あなたが大事にしているいいまちのキーワードは？

［　　　　　　　　　　　　　　　　　　］

人を呼び込む」ということばだった。「チャレンジがある・ない」という視点はおもしろい。もちろん、チャレンジがないまちはない。しかし、そのチャレンジにもセンスが出る。センスがいいチャレンジか、そうでないか。もしかしたら、いまはそうでないチャレンジがこの国では多いのかもしれない。センスのいいチャレンジがちゃんと市内外にメッセージとして届き、人が意味を感じ、ワクワクさせられるかが大事なのだろう。「方向性と深さ」が問われる時代でもある。

以下、いいまちのキーワードコレクションメモの１部を紹介したい。

「チャレンジがあるまち」「実験があるまち」「素材があるまち」

「関わり代（しろ）、余白があるまち」「魅力的な学び舎があるまち」

「魅力的な人（長老、匠…）がいるまち」「魅力的な考え方、発想があるまち」

「魅力的なもの、場所、風景があるまち」「魅力的な仕事があるまち」

「魅力的なライフスタイルがあるまち」

「歴史・文化など、重層的な厚み、レイヤーがあるまち」など。

収集の旅はこれからも続いていく。みなさんも各自、続きのコレクションをしてくださるとうれしい。みんなのコレクションを交換し合い、新たなビジョンに化学変化させていく。未来に活かされるとすてきだ。

info　京都府南部の茶処・和束町は「茶源郷」と表現されている。すてきな考え方だ！

第3章　参考文献

内村鑑三『日本の天職―世界に訴う』角川文庫、１９５３
手書き地図推進委員会編著『地元を再発見する!手書き地図のつくり方』学芸出版社、２０１９
出口日出麿『生きがいの探求』天声社、１９９６
出口日出麿『生きがいの創造』天声社、１９９７
出口日出麿『生きがいの確信』」天声社、１９９８
森本武『デザインを始めた人のための考える方法』Ｂｅ Ｃｒｅａｔｉｖｅ Ｃｅｎｔｅｒ、１９８６年
森本武『負のデザイン』日本デザインクリエーターズカンパニー、１９９４
Ｌ・Ｍ・モンゴメリー著、掛川恭子訳『完訳 赤毛のアンシリーズ1 赤毛のアン』講談社、１９９０
丸岡町文化振興事業団『日本一短い手紙シリーズ』中央経済グループパブリッシング
蒲田正樹『驚きの地方創生「京都・あやべスタイル」―上場企業と「半農半X」が共存する魅力』扶桑社新書、２０１６
田中利典『体を使って心をおさめる修験道入門』集英社新書、２０１４
小山英樹『子どもを伸ばす5つの法則―やる気と能力を引き出すパパ・ママコーチング』ＰＨＰエディターズグループ、２００４
藤沢あゆみ『やれる!―カンタン夢実現法 これであなたも「プチ・メジャー」』徳間書店、２００５
藤沢あゆみ『乗り切る力』ヒカルランド、２０２１
前野雅弥『田中角栄のふろしき―首相秘書官の証言』日本経済新聞出版社、２０１９
松井浩『強豪校の監督術―高校野球・名将の若者育成法』講談社現代新書、２０１８
樋口薫『受け師の道―百折不撓の棋士・木村一基』東京新聞、２０２０
塩見三省『歌うように伝えたい 人生を中断した私の再生と希望』角川春樹事務所、２０２１
外山滋比古『思考の整理学』ちくま文庫、１９８６
原研哉『日本のデザイン―美意識がつくる未来』岩波新書、２０１１
川喜田二郎『野性の復興―デカルト的合理主義から全人的創造へ』祥伝社、１９９５
波多野一郎、中沢新一『イカの哲学』集英社新書、２００８
髙坂勝『減速して生きる―ダウンシフターズ』幻冬舎、２０１０
村上隆『芸術起業論』幻冬舎、２００６

第4章

福知山公立大学からの学び

福知山・綾部（2016～2021）

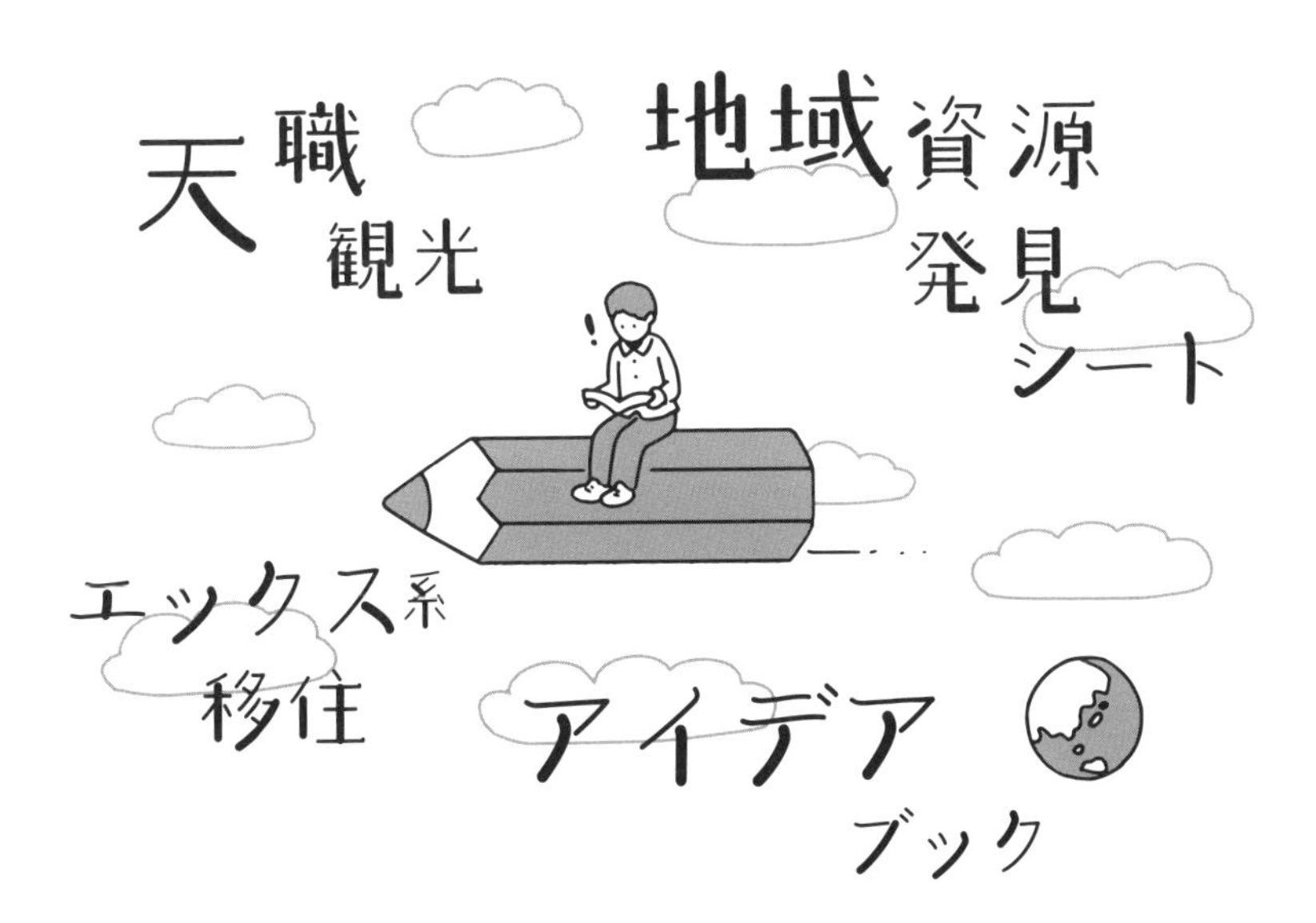

42

第2の故郷をつくれるか

「第2の故郷」と言ってもらえるまち

今まで僕が住んだまちはどこか。順にあげると、1965年（昭和40）、綾部生まれ→伊勢（大学時代）→社会人となり大阪へ（新大阪・守口）→嵐山（京都市右京区。フェリシモ京都事務所勤務。嵐山で阪神淡路大震災を経験）→綾部（山陰線の複線電化で特急電車で京都までの通勤生活を半年経験）→一乗寺（京都市左京区、娘の誕生で）→33歳を機に綾部へ→下関（2021年春より一人っ子である妻の故郷へ＝あとがき参照）となる。人生の7割ほどは京都府での暮らしだった。

2016年、地域系の公立大学「福知山公立大学」が福知山に開学。特任教員になった。大学のミッションはグローカリストの輩出。地に足をつけつつ、海外にコンセプトが拡がることに携わってきたことが、大学のめざすところに近かったのか

Q あなたの第2のふるさとはどこですか？

［　　　　］

もしれない。公立大生は地元出身の率は高くなく、全国から福知山に集ってくれている。１期生を迎えたときに感じたのは、学生は卒業後、福知山を「第２の故郷」と思ってくれるだろうか、ということだった。思ってくれないなら、教育は失敗かもしれない、と。

　僕は大学時代の４年間を過ごした三重県伊勢市のことを自信をもって、「第２の故郷」といえる。何がそう思わせるのかは、いい研究テーマだ。大きな要因を２つあげるなら、歴史的な重みと影響を受けた人との出会いかもしれない。伊勢の場合はその点、大きな遺産があった。世界的な歴史学者アーノルド・Ｊ・トインビーは伊勢神宮を参拝して、「この聖地において私はすべての宗教の根底的統一性を感得する」と記した。

　福知山と比べるのもなんだが、学生は明智光秀の築城といわれる福知山城近くや、少し離れるが大江町など門前町に住むとまた違った思いになるのかもしれない。歴史以外に何が要るか。第２の条件はやはり人だ。教員、学生も大事だが、いつかふらりと福知山を旅するとき、影響を受けた人と再会できたり、帰りたい店があることが大事なのだろう。福知山公立大学の卒業生はいま、どんな気持ちでいるのか。また尋ねてみよう。

info　福知山の新町商店街にあるカフェ「まぃまぃ堂」（横川知子さん経営）は帰れる場所だ。入学する学生には早く伝えたいサード・プレイス！

43

このまちではいま何が視察されているか

僕たちのまちがいま学ばないといけないこと

観光に来てもらえるまちであること。旅にいく理由がそこにあること。新聞やTVなど、メディアが取材したくなる新鮮さ、時代性、インパクト、深さ、哲学があること。現代において、重要なテーマとして、視察に来てもらえるネタがあるかということも大事なことではないかと思ってきた。視察対応もなかなか面倒で、来る側の質によっては時間だけとられることもある。NPOでも「有料化（1人につきいくら）」とか、「何名以上受け入れ」とか、整備も進んできただろう。個人的には、半農半Xで国内外から視察を、NPO法人の里山ねっと・あやべでは廃校活用などをテーマに視察を受けてきた。

Q いま、あなたのまちで視察されていることは何ですか？
あなたがいま、視察に行きたいまち、テーマは何ですか？

[ ]

そうした経験があったことから、福知山公立大学（地域経営学部）の特任教員の際、北近畿の地域活性化等に関する研究助成で応募したテーマが「北近畿では、いま何が視察されているか」だ。北近畿経済新聞社（本社・綾部市）に協力を要請し、京都府北部（7市町）と兵庫県北部（6市町）について、行政等への調査をおこない、リスト化をおこなってみた。例えば、綾部市だと、高齢化した小規模集落、いわゆる「水源の里」の取り組みは全国からたくさんの視察を受けてきた。議会なら「日曜議会」などもかつてはたくさん議員視察があった。何かの分野で小さなイノベーションを試みて、それが他のまちの参考になるというのはとても重要なことである。

逆の立場で考えると、いま、僕たちはどこに視察にいくだろう。「視察」はもう古い考えかもしれないが、先進地というのはいつの時代にも、どんどん生まれてくる。視察対象は行政だけでなく、学校も、企業も、NPOやグループ、個人もある。そうしたことをすべて網羅することはなかなか大変ではあるが、いまこの地は何が視察されているか、どんなネタ、テーマを有しているか、という視点はとても重要と考えてきた。誰か、続きの研究をしてもらえたらうれしい。視察数の多い自治体ランキングとか出る日もそう遠くないのかも。それはイノベーション力を可視化することかもしれない。

info 綾部には週3回配達される有料の地域紙「あやべ市民新聞」がある。市民の6割が購読という。お隣の福知山市には「両丹日日新聞」があり、こちらは週6発行だ。「メディアの自給」はまちにとって重要！

44

アイデアブック　地域資源から新しいアイデアを生み出す
問題集【福知山編】

地域独自の問題集をつくるなら⁈

綾部ローカルビジネスデザイン研究所で「ローカルビジネスのつくり方問題集」（２０１５）を制作した。綾部の地域資源をどうすれば活用できるか、18の問いをつくり、４つのアイデアが書き込める欄があるシンプルな冊子だ。たとえば、「**Q1** 綾部は合気道の型が生まれた発祥地。世界にも愛好家が多い合気道を活かして何かできない？」「**Q2** 綾部生まれの肌着で有名なグンゼ。グンゼのＴシャツを使ってイベントをするなら？」といった問いだ。京野菜やお茶などに関する問いや、農家民宿や田舎カフェを開くなら？といった問いもある。

なぜこんな問題集をつくったかというと、地域資源の多くは固定的で、今後もそれと向かい合っていくものが多い。ベーシックな地域資源をベースとした問いかけ

Q みなさんのまちでつくるなら、どんな問いを入れますか？

［　　　　　　　　　　　　　　　　　　　　　　　　　　　］

型の問題集をつくれるのではないかと思った次第だ。

「ローカルビジネスのつくり方問題集」は綾部編だが、福知山公立大学地域経営学部の２０１７年度ゼミで「福知山編」を学生６名と作ってみた。各自、20問の問いをつくり、壁にはりながら、分類していく。最終的に20問に集約し、「アイデアブック―地域資源から新しいアイデアを生み出す問題集【福知山編】」（32頁、２０１８）が完成した。例えば、「６校ある福知山の高校や高校生の若い力を活かして、福知山を盛り上げたい。どのようなことができる？」や「一生、福知山で暮らしたいと思ってもらえるようなまちにするためにできることは？」「『教育のまち』をいかしたまちづくりをするには？」という問いなど。

僕が特に好きなのは、「福知山は、次は何のまち？」という問いだ。「お城のまち」「ドッコイセのまち（福知山の有名な祭り・踊り）」「スイーツのまち（足立音衛門や世界一のチョコレート職人・水野直己さんのマウンテンなど）」「肉のまち（焼き肉店が多い）」と来たので、「次は何を打ち出すのか」という問い。なかなか深いメッセージだ。

ぜひみなさんの地域でも問題集をつくってみてほしい。このアイデアブックを台湾に持参した際、台湾でも創りたいと言ってもらった。限界集落でも商店街でも、そして世界でも可能である。

info　福知山市役所シティプロモーション部門から、「明智光秀×福知山アイデアブック」の制作協力依頼が届き、学生と制作。地元から愛された光秀公と福知山の未来のまちづくりを考えるアイデアブックだ（2020年完成）。

45

アイデアブック　地域資源から新しいアイデアを生み出す問題集【全国市区町村編】

「過去問」を超えて

福知山公立大学の「先導的教育」プログラム開発助成があり、採択された（2017年から3年間）。僕のプランの問題意識はそもそも何か。それは学生が地域経営概論等の授業で、「自分は故郷のことを何も知らない」という台詞に何度も出会ってきたからだ。地域経営学部に来る学生だから、他学部の学生より感度はいいのかもしれない。しかし、学生はその後、いつそれを学ぶのか。自ら調べるのか。その日はたぶんやって来ないだろうと思い、全国から福知山に集う学生に、故郷の市区町村の「アイデアブック―地域資源から新しいアイデアを生み出す問題集」をつくらないか、と2期生（2017）に向けて、入学して数カ月後の授業で呼びかけてみた。

この問題集は、故郷の市区町村の地域資源を例に、「新しいアイデアを生み出

Q あなたなら、アイデアブックの何編をつくる？

［　　　　　　　　　　　　　　　　　　　　］

すための問いかけ」を16問考えてもらい、15㎝角の冊子にまとめ（シマウマプリント、各10冊）、地元で活用するプランを戦略的に考えるためのものだ。作品は就活にも活かせ、ＰＲ財となり、ポートフォリオに入れることもできる。初年度、10名が冊子をつくった。つくって終わりの学生もいるし、それを他者に見せ、ダメ出しされるのを恐れる人もいる。一方で、ある学生は母校の高校に持っていき、先生から授業にアドバイザーとして参加してほしいと言われ、未来を切り拓くチャンスを自らつかんできた。２年目の茨城出身の学生は市長と面談、ＪＣの若手経営者を紹介してもらい、ＷＳを企画。司会などもおこなっていった。その冊子は市役所の職員研修にも使えると思っていたのだが、市の新人研修等で活用してもらうことにもなった。

　現在、アイデアブックは東北から九州まで、約50市町村版ができている。車の未来、アウトドア資源、コミュニティナース、文房具と地方創生などのテーマ編もある。アイデアブック専用のＨＰもあるので、ぜひ見てほしい。全国のすべての市町村編ができたらいい。中高生でも制作可能だ。クラスで１冊でもいい。おすすめは１人１冊。小さな自信にしてもらえたらと思う。地元を愛する信用金庫や地方銀行の方がつくるのも面白い。

info　京都府南丹市園部町編をつくったのが、2022年３月に公立大を卒業した西田光輝さん（３期生）。西田さんは自費制作第１号だ。作品は京都新聞にも載り、新しい輪もひろがった。自分で人生を切り拓く力を今後も大事にしてほしい。

46

コンセプトゼミ
コンセプトメーカーになるための問題集

福知山公立大の地域経営学部での塩見ゼミ（2～3年）の2019年度のテーマは「すぐれたコンセプトの研究と創造」とした。市販も視野に、完成度の高い作品をつくるという目標を持っていた。3年生12名でつくった作品が「コンセプトゼミ～コンセプトメーカーになるための問題集」（32頁、2020）だ。国内外のすぐれたコンセプト事例を調べ、各自、インスパイアされたコンセプトを発表していく。みんな、どんなものにひかれるのか。それは入りたい会社、就活にもつながっていき、興味深い。オリジナルのコンセプトがつくれるようになる練習として、ゼミの冒頭、頭の体操に、僕がおこなってきた「コンセプトスクール」というワークショッ

Q　あなたの人生のコンセプトとは？

［　　　　　　　　　　　　　　　　　］

プで出題していた問いに答えてもらう時間をつくってきた。６月から、「問い」そのものをつくる課題を出してみたら、いい問いをみんな作問してきて驚いた。作問の宿題を継続しつつ、選んだ五十数問を冊子に掲載した。たとえばこんな問いがある。「○○大全」「世界は○○でできている」などなど。

僕は福知山公立大に在籍の間、学生との共著を商業出版したいと思ってきたが、この「コンセプトゼミ」は一番市販化に近い本かもしれない。制作した学生は２０２０年春、卒業してしまったが、チャンスをうかがい、出版社を口説き、あらためてみんなの快諾を得て、夢の出版をめざせたら思っている。「コンセプトゼミ」の冊子は後輩の授業の冒頭でも活用していて、若くても固まりつつある学生の頭をほぐし、耕すのに効果がありそうだ。ことばへの感性を僕は今後も鍛えていきたいし、若い世代には重要な資質だと思う。企業研修でも、新人の企画研修でも、使ってもらえる作品。希望される方は送付可能である。半期ゼミの2年生は国内外のすぐれたコンセプトをＡtoＺ26個紹介するＣＤジャケットサイズの冊子「グッドコンセプトＡtoＺ」（２０２０）を制作。都会発のコンセプトも多いが、そんななかで福知山のスイーツの店「明智茶屋」を学生は選んだ。店主は福知山のまちづくりの礎を築いた戦国武将・明智光秀好きの30代。店のコンセプトは「戦国×カワイイ」だ。

info 福知山の株式会社ローカライズの庄田健助さんも注目のコンセプトメーカーだ。こういう人に出会うと「第２の故郷」と思う何かを与えてくれる。最近、地ビールの店も仲間と開いた。

47

エックス系移住
移住をもっと細かくみていく

何年か前、講演依頼で高知を訪れた際、市の方が「高知では〝よさこい移住〟がありますと教えてくれた。そのとき僕は「坂本龍馬移住というのもありそうですね」と言ったのだった。そして、こう思った。「綾部なら、合気道移住が増えればいいな」と。綾部は植芝盛平翁が合気の型を発見した地で、合気道発祥地だ。

2016年に福知山公立大学が開学し、縁あって5年間、特任教員として「半教員」を経験させていただいた。専任だとつらいが、週3はちょうどいい。コミュニティビジネスや交流居住論などの授業や地域系ゼミ、卒業研究などを担当。ある

Q あなたがエックス移住したい地はどこですか？

[　　　　　　　　　　　　　　　　　　　　]

年、２年生の半期ゼミのテーマとして取り上げたのが、「エックス系移住」だった。古代から「丹波漆」で有名な福知山市夜久野町には漆芸を志す若い人の「漆移住」があった。聖地的な場所に、それを天職、ミッションとする人が移住することを「エックス系移住」と命名してみた。ゼミメンバーは17名。全国から集った学生で出身県を含む47都道府県の担当県を決め、さらに細かく調べるため、市町村単位でどんな移住があるか調べてみた。様々なエックス系移住が見えてきた。移住という大きなことばだけでは見えてこないものが、解像度の高い移住の世界が見えてきた。

集まった膨大なデータをどう活用するか。いま地域（地方）に足りないのは「編集力」だと編集者の藤本智士さんはいう。ゼミメンバーで、既存の情報から新たな価値を生み出す課題にチャレンジした。成果物はジャバラ折りのＡtoＺミニ冊子にした。学生が選んだ切り口は以下の通りだ。職人移住／新規就農移住／意外な移住／とっておき（隠岐）移住／子育て移住／みかんから考える移住／海移住／海の見えるまち移住／伝統文化移住／ホビー移住／美しい景色移住／フェスティバル移住／鹿児島移住／妄想移住／郷土料理移住／レジャー移住／水移住（Ａ４両面、カラー、各26キーワードで表現。各１００部）。アイデアと行動力次第で、価値を創造し続けることが可能だということを実感した。

info　福知山市夜久野町は古代より、漆の産地で名高く、「丹波漆」というブランドが形成されていた。その漆の聖地を目指して移住された方々に「丹波の漆かき A to Z」「夜久野と漆 A to Z」という２作品をつくっていただいた。A to Z 専用ＨＰで公開している。

48

天職観光　天職のヒントを探す旅

新しい時代の旅をつくる

綾部はどんなツーリズムをすべきなのか。エコツーリズムなのか、フードツーリズムなのか、農村ツーリズムなのか。里山ねっと・あやべの立ち上げスタッフになり、僕にとっての難問は旅のデザインだった。どんなツーリズムなら綾部らしく独自性あるものになるのか。里山ねっとの初期ころ、里山塾という名の勉強会をおこなった際、ツーリズム系の講師に京都嵯峨芸術大学の坂上英彦先生をお招きした。「なぜ人は旅をするのでしょうか？　旅は個人の欲求から始まります。つまり答えは、自分の中にあるのです」という。

２００６年、家族３人で北海道のニセコなどを旅行をしたとき、ふと浮かんで

天職観光
AtoZ
綾部編

Q　あなたが天職観光で行きたい地はどこですか？

［　　　　　　　　　　　　　　　　　　］

きたのが「天職観光」ということばだった。天職のヒントを探す旅。自分がこれまでしてきた旅を振り変えると、天職＝Xのヒントを探す旅しかしていなかった。家族で行く地も、個人的なまちづくり視察の観点で、それをしている人に会うため、ユニークな施設や店舗、空間が多い、というか、それのみだ。僕だけでなく、1点のみのために現地を訪れ、人に会い、店や建物、モノを見、他のことには目も触れないスタイルを人はすでにしてきている。

コロナ禍の2020年、「今後、天職観光に行きたい場所A to Z【塩見直紀編】」をつくってみた。例えば、「B＝古書店街ヘイ・オン・ワイ（英国）」「D＝鈴木大拙館（石川県金沢市）」「F＝農民美術展示館（長野県上田市）」「N＝三徳山三佛寺投入堂（鳥取県三朝町）」「R＝路上観察学のまち『犬も歩けば赤岡町』（高知県赤岡町）」「S＝ショウナイホテル　スイデンテラス（山形県鶴岡市）」という感じだ。みんなが自分の天職観光先を公開していくと面白いと思う。あなたのXのヒントがある地はどこだろう。天職観光だが、受け入れ側も重要となってくる。我が町はそんな旅先があるかというセルフチェックも大事かもしれない。そうした旅人のXを応援できるまちが選ばれていく。そんな気がしている。『カスタマーサクセス』という本に出会ったとき、僕はこうアレンジした。「トラベラーサクセス」と。

info　今後、京都で天職観光したい地はどこか。一応、母校にあたる京都市立芸術大学の新移転先も楽しみだ。まだ行けていない桂離宮も。

49

いいまちにはいい勉強会がある
人生100年時代のまちのあり方

オンラインで日本のどこでも、世界でおこなわれている講座にも参加できる時代となった。台湾にとって地方創生が始まって2年目の2019年、台湾の国立大学と日本を結んで半農半X的なまちづくりの話をさせていただいた。僕は綾部で、通訳の方は東京。もう一人のゲスト講師は山形県高畠町からだ。2020年秋、岐阜県の移住促進オンラインイベントにゲスト依頼があり、娘が住む広島から参加させていただいた。テーマは半農半Xと半猟半X。岐阜には早くから半猟半Xスタイルが生まれていた。2022年3月、宮城県南三陸町からの依頼で、オンラインでの

Q あなたが開きたい勉強会は？
聞きたいテーマは何ですか？

［　　　　　　　　　］

半農半X講演とＡtoＺワークショップをさせていただいた。僕は下関から登壇し、南三陸町の入谷地区のみなさんは人数を制限しつつ、会場に集っておこなった。限られた時間なので、事前の課題（Ａ４サイズ１枚、「自分ＡtoＺ」「入谷ＡtoＺ」記入）をお願いし、開催前に回収し、人数分、コピーしてもらった。いつか南三陸を訪れ、入谷地区をみなさんと歩けたらと思う。

「綾部ローカルビジネスデザインスクール（地域資源発見シートを使ったフィールドワークや自分ＡtoＺシートを使い、自分資源を可視化するなど）」や「スモールビジネス女性起業塾（京都府北部対象の年間10回の講座）」をおこなうようになった２０１５年ころ、「いいまちにはいい勉強会がある」ということばが僕の中にふと生まれてきた。１９９９年に故郷の綾部にUターンしてから、約20年、まちを見てきたが、おそらく綾部だけではないが、新しいものをつくる力はゆっくりゆっくりこの国では落ちているのではないかと感じている。地方創生に関して言えば、政府からお金が流れ、いっとき多くなったが、その後、減少。そこにコロナ禍となる。都会に住むとそれほど感じないのかもしれないが、学びの場は減っている。空間を超え、時間も超え、オンラインでの学びの場づくりはありがたいが、対面での場も今後、再創造されていくことを願っている。

info　NHK 大河ドラマ「麒麟がくる」の放映を前に、亀岡市実行委員会ふるさと亀岡ガイドの会（おもてなし部会）は「明智光秀公早わかりＡtoＺ＠かめおか」（2019）を編まれた。中心メンバーは亀岡市の松尾清嗣さん（かめおかまちの元気づくりプロジェクト）。多種の勉強会を開いているキーマンだ。

50

スモールビジネス女性起業塾

地域と私を元気にする

京都府中丹広域振興局から中丹圏内（舞鶴、福知山、綾部）の女性を対象に、起業塾をおこないたいと依頼があり、企画立案から当日のコーディネート、講師を引き受けた。開講は２０１５年のことだ。名称を「スモールビジネス女性起業塾」とし、年齢制限はなし、移住を視野に入れる方は居住地の制限なし。受講料無料で、月１回計10回の講座だ。講座の内容は毎回、前半は実践者の講演、後半はワークショップ。10回のうち、１回講義と９回のＷＳを担当。最終回は模造紙を使っての個別プレゼンという内容である。講師陣には以下の面々を招いた。３万円ビジネスの藤村靖之さん、ダウンシフトの高坂勝さん、パラレルキャリアのナカムラクニオさん、編集者の藤本智士さんなど。神崎奈津子さんのフライヤーのデザインもよかったの

Q 今聞いてみたいビジネス系の講師は誰？

［　　　　　　　　　　　　　　　　］

か、たくさんの参加をいただいた。受講生同士のつながりも生まれ、圏内で活躍している人も多い。地元の京都北都信用金庫から担当部長も毎回出席。若手女性行員も受講生として毎回参加。起業を希望する人のマインドを聴く機会も創出された。

初年度、数回おこなう段階で、これはとっても大事な事業であることを実感。残念なことに単年度事業であったので、卒塾生と一緒に事業を市民継承させてもらった。２年目は北都信金や地元企業（村上商事、原田商店）の資金援助も得て、講座も１回１０００円と有料とし、計4年間おこなった。10年継続はしたい、女子高生の参加もあるように、福知山公立大生が事務局長になってくれたらと、いろいろ妄想してきたが、どんなことでもやはりマンネリ化が生じる。内外の講師のバランスや常に新しさを出し続けられるかなど、学んだことは多い。ワークブック「スモールビジネスのつくり方問題集」（１０００円）をつくり、講師料の創造なども試みた。４年で終了するにあたり、預金残高をゼロにするため、自分棚卸しワークブック「ＡtoＺスケッチ―自分ＡtoＺをつくろう」（２０２０、後述6章）を制作させてもらった。専用ＨＰで公開しているのでぜひ活用いただけたら幸いだ。ワークブックはまだ購入可能。売上金は「ＡtoＺスケッチ」の追刷に使いたく、応援をお願いしたい。

info　府内から講師で来てくれた林利栄子さん（ＮＰＯ法人いのちの里京都村事務局長）の演題は「女猟師という生き方」！　塾の会場として、綾部の絵本カフェ「サクラティエ」をよく使わせていただいた。すてきな空間！　１期生の和田知子さんが事務局を尽力してくれた。

51

まち年表

ごちゃまぜの偏愛年表をつくる

綾部にUターンして約20年間に生まれたもの、始まったものを年表にしてみた。市制施行70周年協賛事業補助金を活用し、デザインの観点から綾部の魅力をＡ toＺで26個紹介する「綾部グッドデザインＡ toＺ」（２０２１、専用サイトで公開中）のなかに載せている。年表の特徴は行政もＮＰＯも市民も個店もごちゃまぜにしたもの。綾部の発信力が高めたのではないかと思うものを中心とした僕の「偏愛年表」だ。

綾部の約20年を振り返るもうひとつの綾部年表（塩見直紀選）

１９９６年　志賀郷で「サンタパレード」初開催

１９９７年　それぞれの工房展、初開催　１９９８年　ＦＭいかる開局

Ｑ　この年表から感じたことは何ですか？あなたのまちでつくるなら、どんな切り口の年表ですか？

[ ]

１９９９年　33歳を機に、綾部へUターン（塩見直紀）。同年３月、母校閉校に
２０００年　廃校を拠点とする「里山ねっと・あやべ」誕生、綾部市制施行50周年
２００２年　古民家蕎麦屋「そばの花」（上八田）オープン
２００３年　『半農半Xという生き方』（塩見直紀著）上梓
２００５年　志賀郷に古民家と若い家族をつなぐ「コ宝ネット」発足
２００６年　「水源の里」の取り組みスタート
２００７年　半農半Xデザインスクール、綾部里山交流大学ともに初開催
２００８年　『若杉友子の野草料理教室』（若杉友子著）出版
２０１０年　竹松うどん店（志賀郷）オープン、「志賀郷田舎手作り三土市」初開催
２０１５年　あじき堂（志賀郷）オープン
２０１６年　『驚きの地方創生「京都・あやべスタイル」』（蒲田正樹著）出版
２０１７年　コミュニティナース３名赴任　小さなアースデイ初開催
２０１９年　田楽学校（移住立国あやべ）、初開催
２０２０年　綾部市制施行70周年
２０２１年　綾部市内の農家民宿軒数は20軒以上に
この年表から見えてくるものは何だろう。

info　年表ではないが、まちのデータをまちづくりや創業等に活かしたいと、福知山市市長公室経営戦略課調査統計係担当だったデータマニアの川村杏子さんが「福知山市がもし100人の村だったら A to Z」（2021）という力作を制作された。A to Z 専用ホームページで公開されている。

52

本の売り上げで基金をつくる

綾部ローカルビジネスチャレンジ基金

トヨタ財団の2年間の国内助成を得て始めた「綾部ローカルビジネスデザイン研究所」。地域資源を活かした若い世代のなりわいづくりがミッションだ。財団への助成申請の企画提案時から構想していたのが、4種類のワークブックを制作し、その販売収益を助成後の活動資金に活用すること。それがよかったのか、採択いただいた。得意分野でまちづくりはやはり鉄則だ。

小冊子「ローカルビジネスのつくり方問題集（綾部編）」（2015）、「じぶん資源

Q あなたならどんな方法で自主財源をつくりますか？

［　　　　　　　　　　　　　　　　］

とまち資源の見つけ方」（２０１６）、「Ａ to Ｚが世界を変える！」（２０１７）、「ローカルビジネスデザイン研究所のつくり方」（同）の４種のワークブックをつくった。各３０００部印刷。値段はワンコインの５００円だ。すべて売れれば６００万となる。助成期間が終われば、団体も活動もすべてが消えてしまうことが日本でも、世界でもおそらく多い。それを回避したい。

トヨタ財団は本をつくり、販売、その売り上げを若い世代の応援基金「綾部ローカルビジネスチャレンジ基金」にすることも許してくれた。全国での講演会場や通販、あやべ特産館などで販売してきて、基金を積み上げている。１件につき５万円の助成はフライヤーやパッケージなど情報発信経費として提供するものだ。40代までの綾部市民（ＵＩターン）に活用してもらってきた。講演先での外商も期待をしていたので、コロナ禍で市内外での講演がほぼゼロになったのは想定外だった。それでも賞味期限の長い作品だと思うので、今後も販売を続け、基金の充実をはかっていきたい。この冊子は、あやべ特産館で販売中だが、郵送も可能なので、ぜひ応援をお願いしたい。みなさんの地域での活動に活かせるものだと自信をもっている。

ここでつくった４つの作品から、新たな物語（「アイデアブック〜地域資源から新しいアイデアを生み出す問題集」など）も生まれた（４章）。

info　ワークブックは４種類各500円で、４冊セットで2000円。送料別途。注文は conceptforx@gmail.com　塩見直紀まで。

53

新しい地域資源が生まれるまち

守ることと新たに何かを加えること

僕にとってのまちづくりの歴史は1999年の故郷へのUターンから始まった。いろいろな人との出会いから「地域資源を発見するためのこころ、感性」を学んできた。基本は我以外皆師也だが、特に影響を受けた人物をあげると、農家民宿「素のまんま」の芝原キヌ枝さん、あやべ特産館にドライフラワーを出品されている里山アーティストの四方静子さん、美術家の田谷美代子さん（当時イラストレーター）だ。

地域資源の発見や地域力創造の仕事をやっていて、至った考え方がある。それは①地域資源がなんとかなくならないようにすること、②地域資源がそれでもゆっくりと育まれていくこと、そして、③地域資源が新たに生まれること、の3つの大事さだ。

Q あなたがこれから、新たな地域資源を生み出すとしたら？

『　　　　　　　　　　』

Uターンして、残念ながら「なくなったもの」の例をあげてみたい。「塩見」という姓は、京都府の福知山や綾部に多い。大学のころ、地理学の有名な先生が岡山にも多いと教えてくれた。ある苗字本には「潮目を見る仕事」と書かれていた。苗字は地名か、職名か2つあるとNHKテレビ番組「日本人のおなまえ」で言っていた。

その塩見姓なのだが、我が村には塩見姓の8軒が年に1度、持ち回りで夕食（昼食）をともにし、親睦交流する「株講」というのがおこなわれてきた。昔は昼夜2食、当番家でご馳走になる。お餅をついたり、すき焼きをしたりとなかなか大変だったようだ。その後、夕食のみになり、夜の外出は大変なので昼食となり、仕出し料理をとったり、最後は料亭での食事となった。みんな高齢となっていき、数年前に食事会もなくなり、やめることに反対もできなかった。唯一の伝統を残そうということで、掛け軸を年ごとにまわすことにしたが、これもいつしか終わることだろう。

地域資源が増えている例もあげてみたい。2014年にできたあやべグンゼスクエア内の「あやべ特産館」。ここで販売される商品数は増えている。UIターンする人が商品開発をするからだと思うが、いつ来ても店に変化があるというのは、とてもいいことだと思っている。歴代の館長（大槻清隆さん、荒木善吾さん）のもと、いい空間がゆっくり育っていること、うれしく思う。

info あやべ特産館の隣には市民の手による「綾部バラ園」が2010年にオープン。これも新たな地域資源だ。すぐそばのグンゼ記念館もおすすめで創業者の志に鼓舞される空間だ（休館日注意）。

54

地域資源発見シート
可視化のパワーをまちづくりに

トヨタ財団の助成を得て、4種類のワークブック（4章）に加え、作成したのがオリジナルの「地域資源発見シート」（A3両面、2つ折りカラー、2017）だ。自治会や町内会単位に書いていくことを想定している。学校区や市区町村でも活用できる。内容はシンプルで、❶A4サイズ1枚に50音順に地域資源をメモしていく欄。故郷の村を例にあげると、**お**＝お地蔵さまと一本檜の風景、**に**＝その昔、20代の青年がお金を稼いで寄贈した二宮金次郎像）、**そ**＝富士山のような姿で標高350mほどの故郷のシンボル・空山（そらやま）など、❷「芸術・アートだと思うもの」を書き込む欄（例／薪がきれいに積まれた風景、古墳のある八塚風景など）、❸「改装してカフェや店

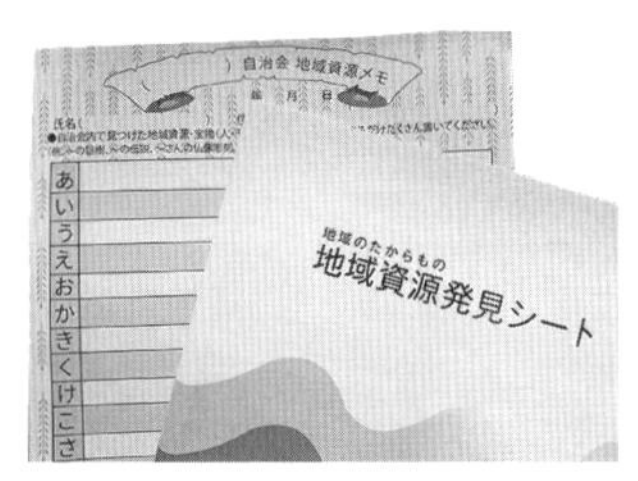

Q　あなたなら、どんな問いをこのシートに加えるだろう？

［　　　　］

などに活用されたらいい建物」（例／木々の中に埋もれた空き家を蕎麦屋さんに、など）❹「ユニークな一芸を持つなど、知る人ぞ知る自治会内の有名人・達人・匠」を書く欄（例／村出身の歌手・都川愛子さんなど）。❺「自治会内で特におススメなもの、他の地域にない宝物」を3つあげる欄（挙げられたものからベスト3をセレクト）。❻「この地域でできそうなこと、新しいアイデア」を書く欄（例／お地蔵様と一本檜風景だけのフォトコンテストなど）。❼気づきメモ、感想欄。❽参考としての地域資源分類表＝地域特性資源、自然資源、歴史的資源、文化・社会資源、人工施設資源、人的資源、情報資源といった固定資源と流動資源があり、表を見ると、足元にはいろいろな資源があることがわかりやすく書かれ、視点をひろげるための表。以上が「地域資源発見シート」の内容だ。

古典的編集手法「A to Z」を長年活用しているが、年配の方も書きやすいように、ここでは50音にしている。京都府南丹市日吉町の生畑集落でA to Z冊子をつくる際は、このシートでキーワードを住民から集め、A to Zに変換していった。まだまだペンを持って、できること、棚卸しできること、脳内検索できることがたくさんある。まずは見える化、可視化すること。希望の方には紙でもPDFでも送付可能なので、ぜひこのシートを地域で活用してみてほしい。

info デザインをしてくれたのは、綾部に家族で移住されたミズタマートの水田ウタコさん。あやべ市民新聞社に勤務しつつ、多彩な活動をおこなっている。

55

ワークブックメーカー

授業でも人生でも使える教材開発づくり

1泊2日の半農半Xデザインスクール（XDS）を初めておこなったのは2007年2月の節分・立春の日だった。会場は母校の小学校。参加者がいるか、心配だったが、大手広告代理店を早期退職後、「住民代理店」という活動をおこなう兵庫県伊丹市の原田明さんなど、各地からすてきなメンバーが集ってくれた。XDSでは、書き込み式のワークシートをコピーして渡していたが、毎回の印刷も大変なので、冊子としてまとめてみたのが、「半農半Xデザインブック」（半農半Xパブリッシング、2008）だ。装丁デザインは綾部のデザイナー相根良孝さんにお願いした。この冊子は自己探求系のものだったが、次につくった「書く」という観点からのまちづくり「かくまちBOOK」（2012）は「地域の自己探求」を試みたものといえ

Q あなたならどんな書き込み式のワークブックをつくりますか？

［　　　　　　　　　　　　　　　　　　　　　　　　　　］

る。トヨタ財団の支援で４種類のワークブックを制作した。できあがったのが、先述の通り、「ローカルビジネスのつくり方問題集」、「じぶん資源とまち資源の見つけ方」、「Ａ toＺが世界を変える！」、「ローカルビジネスデザイン研究所のつくり方」だ。スモールビジネス女性起業塾でも「スモールビジネスのつくり方問題集」（２０１７、１０００円）も制作した。

あるとき、「ワークブックメーカー」ということばが浮かんできた。僕は書き込み式のワークブックが好きなのだと気づく。「ローカルビジネスのつくり方問題集」を応用して、福知山公立大学のゼミで「アイデアブック―地域資源から新しいアイデアを生み出す問題集【福知山編】」をつくり、その後、学生の故郷の市町村編が50種できていく。こちらもすべて書き込み型のワークブックだ。自分Ａ toＺをつくってもらうための26の問いを集めた「Ａ toＺスケッチ」（２０２０）や１人１研究所をつくってもらうための「26の問いに答えてつくる１人１研究所ＮＯＴＥ」（２０２１）はＣＤジャケットサイズのワークブックだ。「書く」ということの可能性をもっと探っていきたいと思っているので、教材開発やアート思考などの分野の研究も進めていけたらと思っている。アイデアブックやＬｏｃａｌ Ａ toＺのほかに、いま、試作しているのが、「問い×まちＢＯＯＫ」だ。また披露させていただきたい。

info 京都市立堀川高校の２つの探究科や京都府立北桑田高校の京都フォレスト科とか、個性的な高校なら、どんなワークブックを作るだろうか。

56

先人知×若い感性
理想のまちづくりの方程式

まちづくりに関わるようになったあるとき、「先人知×若い感性」がまちづくりの法則、方向性の1つではないかと思うようになった。学生だけの発想では、すぐに廃れてしまうものも多く、重みがなかったりする。一方、「先人の知」は長い風雪に耐えていてすばらしいが、重すぎたり、そのまま使えなかったり、アレンジ、再編集などする必要があったりする。この2つがうまく組み合わさっていくことが重要

Q　あなたがリスペクトしているものは何ですか？

［　　　　　　　　　　　　　　　　］

なのだろうと感じてきた。

綾部の志賀郷地区で２０１０年から2年にわたって毎月第３土曜におこなわれたマーケット「志賀郷田舎手作り三土市」はこの組み合わせ、バランスがすばらしいものであった。直感だけど、ちゃんと計算された塩梅、組み合わせの妙。「先人知×若い感性」は英単語で表現すれば、「リスペクト（敬意）×インスパイア（鼓舞）」だ。リスペクトできる文化でないといけない。リスペクトされるべきものがないと、大事にされている地域でないと、人はその地にやってこないだろう。日本がもっと意識すべき視点がリスペクトであり、これを高めるという視点を持っていたい。そして、そこにはインスパイアする新たな表現、見せ方も必要だ。デザイン、アート、コンセプト、キュレーション、編集の力ともいえる。リスペクトするもの、別のことばで言えば、レイヤーがあり、新たな表現、新たな切り口、新たな組み合わせなど、終わりはない大変な時代だが、やるべきことは見えているようだ。

現代アートジャーナリストである小崎哲哉さんは『現代アートとは何か』のなかで、現代アートは「インパクト、コンセプト、レイヤー」の３要素が大事と言う。これも学べる視点だ。先人知と若い感性の掛け算でいい例は、古民家リノベーションもそうだし、発酵食品もその１つだ。古書店を若い世代が開くのもいい。

info　この方程式を地で行くのが、綾部在住の黒谷和紙職人で作家ハタノワタルさんだ。作品は全国の有名店やホテルなどでも使われ、中国や台湾でも個展をおこなう。三土市はハタノさんの計算された匙加減があった。

57

まちむらにマニアックゾーンをつくる

集落多様性、地域多様性を可視化する

フェリシモ時代から影響受けてきた京都出身のコンセプターで未来予測の達人が谷口正和さんだ。谷口さんが著書のなかで「3店集まれば、マニアックゾーン」と書かれていた。たとえば、街の一角に、こだわりのカフェや雑貨屋、天然酵母のパン屋さんができると、人の流れが変わって、そこがマニアックゾーンになると。この考えにふれ、感じたのは、これは都会だけでなく、農村部でも応用できる考え方ではないかということだった。

冊子「ローカルビジネスデザイン研究所のつくり方」（綾部ローカルビジネスデザイ

Q あなたのおすすめのマニアックゾーンは？

［　　　　］

ン研究所編、２０１７）では、実験的に綾部市内の11の集落で３つの地域資源、魅力をあげてもらっている。僕ならこんな３つをあげるだろう。我が村の鍛治屋自治会なら、「とんちが効いた伝説の庄屋さん・小畑六左衛門」「里山ねっと＆森もりホール、幸喜山荘」「村の百貨店・空山の里」。綾部の中でも特に移住の多い志賀郷地区の志賀郷自治会だと「竹原友徳さんの竹松うどん店」「安喰健一さんのそば処あじき堂」「かかりつけ米農家・井上吉夫さん」だ。

綾部は２００弱の自治会がある。２００の自治会で各３つをあげてみるのはどうだろう。もしも２つしかない場合は、新たな産物や特徴あるものを創るという発想が大事になっていく。みなさんの地域でも応用できる考え方だと思う。集落（自治会、町内会）だけでなく、小学校区でもいいし、１人ひとりにも使える発想ではないかと思う。１章で書いたように「自分の型」を考えるワークショップをよくおこなってきたが、１つのキーワードは重なっても、２つ目、３つ目と重なる人はいない。これを僕は「使命多様性」と呼ぶが、集落単位で３つのキーワードを出してもらう中で、「集落多様性」ということばも生まれた。人の「使命多様性」と住んでいる集落の「集落多様性」「地域多様性」の掛け算、組み合わせで新しい何かが生まれていくことを願っている。

info　綾部市観光センター勤務の白子あゆみさんは綾部にUターンしてくれた才女だ。彼女の故郷の村に数年前、「5miche（サンクミッシュ）」というパン屋さんができた。こちらもUターン組だが、うれしい宝物の誕生となった。

第４章　参考文献

藤本智士『魔法をかける編集』インプレス、２０１７
高知県・赤岡町まちのホメ残し隊編『犬も歩けば赤岡町―日本で二番目に小さな町』赤岡町まちのホメ残し隊、２００１
ニック・メータほか『カスタマーサクセス――サブスクリプション時代に求められる「顧客の成功」10の原則』英治出版、２０１８
小崎哲哉『現代アートとは何か』河出書房新社、２０１８

第5章

京都市立芸術大学博士後期課程からの学び

京都・福知山・綾部（2017～2021）

58

コンセプトの研究と人生のコンセプトと
50代からの芸大チャレンジ

フェリシモというカタログ通販会社に入社したのは平成元年の1989年のこと。同年入社は16名（男女5：11）。僕以外はみんな個性的で、特に芸大・美大出身の4名の女性には驚かされた。先輩にも芸術系の出身者は多く、創造性は重要なチカラだと入社1年目から痛感することになる。どうしたら、アイデアが出せるのか。企画力が高まるのか。そこから模索が始まるのだった。アイデア、創造性などをつけるには。多くの人が辿りつく1冊の本がある。ジェームス・W・ヤングの『アイデアのつくり方』だ。本にあるのは、「アイデアとは既存の要素の新しい組み合わせ以外の何ものでもない」、「新しい組み合わせを作りだす才能は事物の関連性

Q 人生100年時代。あなたなら、いま、何を学びたいですか？

［　　　　　　　　　　］

をみつけだす才能によって高められる」というシンプルなメッセージ。

僕は中学時代から写真にはまっていて、自宅に現像と焼き付けができる暗室をつくっていたのだが、芸術系の大学をめざしたいと思うことは1度もなかった。そんな僕が50代で、なぜ京都市立芸術大学（以下、市芸）の博士後期課程にいくことになったのか。綾部市の隣町・京丹波町に住む美術家・大西雅子さんから思いがけない依頼をされたのがきっかけだ。新潟県での「大地の芸術祭〜越後妻有アートトリエンナーレ」で大西夫妻の作品を拝見していたり、娘同士が同じ学校だったり、大西さんとはいろいろ縁があった。

誘われて市芸に初訪問。学内を案内いただくなかで、「構想設計」という看板を見つけた。市芸は美術学部と音楽学部がある。美術学部の中に、「構想設計専攻」なるコースがあるという。英語では「concept and media design」というらしい。コンセプトに関心のある僕はいつかコンセプトの研究をしたいと思っていたが、それを学べる大学ってどこだろうと思っていた。僕はやりたかったのはこれではないかと思ったのだった。大西さんに博士後期課程のことを相談すると、こうアドバイスをしてくれた。「自分ならではの表現方法を見つけること」と。そういえば、フェリシモ同期に、市芸で意匠を学んでいた優秀な女性がいた。

info　京都府京丹波町に住む美術家の大西治さん・雅子さん夫妻はともに市芸修士出身（雅子さんは博士）。治さんは鉄を加工し、雅子さんはコンセプト立案担当。こんな役割分担もあるのだと目からうろこだった！

59

0か1か26か

Local AtoZ

AtoZ本に初めて出会い、購入したのはいつか。それはフェリシモ時代の1993年、オーストラリア出張前に買った『オーストラリアAtoZ』だった。キーワードとしてアボリジニ、キャプテン・クック、イージー・ゴーイング、コアラなどが紹介されている。そのあと出会い、影響を受けたAtoZ本。それが『京都のこころAtoZ—舞妓さんから喫茶店まで』だ。以降、アマゾン等でAtoZ本を探し、サンプルに何十冊か買ってきた。どんなテーマがAtoZ本化されているか、あげてみよう。英語の魅力に関する本（『身につく英語のためのAtoZ』『英語のことば遊びコレクションAtoZ』）。アメリカやフィンランド、ロシア、ニュージーランド、ジャマイカ（&レゲエ）、チェコ、フランス文化など「国」の特徴をAtoZで紹介する本。

Q あなたならどんなAtoZ本がほしい？

［　　　　　　　　　　　　　　　　　　　　］

ロンドンやニューヨークなど「都市」に関する本。「ティファニー」「ダイヤモンド」「赤毛のアン」「スヌーピー」「ビートルズ」「作家・田辺聖子」など、ビッグネームのテーマ本も多い。余談だが、タイトルはＡ to Ｚでも中身はＡからＺ編集でない本もある。例えば、『実戦ヌンチャクＡ to Ｚ』『ロボットＡ to Ｚ』『ゴスペルＡ to Ｚ』など。購入時はご注意を。

僕はこのＡ to Ｚを「ローカル使い」にしたい、もっと活かせると思っている。「自分Ａ to Ｚ」とか小さな市町村〜集落のＡ to Ｚ、マニアックなテーマ（半農半ＸＡ to Ｚなど）にも使いたいと思って、この10年ほど試行してみた。あるとき、「Ａ to Ｚ」を「Ｌｏｃａｌ Ａ to Ｚ」と表現してみたら、めざすところが見えたように感じたのだった。僕がいまめざしているのは、「Ｌｏｃａｌ Ａ to Ｚ Ｍａｋｅｒ」になることだ。文字、言葉の歴史に関する本を読んでいると、アルファベットは人類における大発明であったことを痛感した。そしてこんなことも学ぶ。文字は人間や財産などを管理するためにも欠かせないものだったことも。すべてが画一化、Ｏｎｅ ｗｏｒｌｄ化するような世の流れにあって、僕がめざしているのは、Ａ to Ｚによる人や地域などの多面体の可視化だ。「０か１か」、ではなく、新たな選択肢として「26」を提案したいと思っている。

info　おもしろいＡ to Ｚを作ってくれたのが、綾部に移住し、茶農家となった櫻井喜仁さんの「急須Ａ to Ｚ」。ペットボトルではなく、急須でお茶を飲む豊かなひとときをとりもどせるよう、26のキーワードで表現！

60

「神経衰弱」の逆イメージ

まちの光を描く

「芸術で最も重要な問題は『いかに新しい表現を探し当てられるか』に尽きます」。国内外で活躍する美術家の村上隆さんは『芸術起業論』にそう書いている。おそらくこれは芸術家だけの問題ではないだろう。新しい表現といえば、大正から昭和にかけて活躍した人物で、とても気になる人がいる。「大正の広重」と呼ばれた絵師・吉田初三郎だ。初三郎は日本の町々の魅力を鳥瞰図で表現した。綾部にも請われ描きに来ている。初三郎は独特の表現で「まちの光」を表現してきたが、僕は絵ではない方法で「まちの光」を描きたいと思っている。

北海道庁から講演依頼があり、2016年1月、「ほっかいどう元気なふるさと

Q 埋もれているけど、可視化したいものって何ですか？
どんな表現手法を使いますか？

［　　　　　　　　　　　　　　　　　　　　］

づくり交流大会」に登壇させていただいた。出番は集落の未来を考えるフォーラムでの講演とパネルディスカッションだ。壇上でふと浮かんできたのが、いまの日本の現状についてのイメージだった。それはトランプゲームの「神経衰弱」のように、カードが裏向けの状態ではないかということだった。神経衰弱ではカードはすべて裏向きで、プレイヤーは1回につき、2枚のカードを引くことができる。当たれば、カードはもらえ、さらに2枚のカードをめくることができる。当てる楽しみはあるのだが、僕はこれからの時代はカードはすべて表向きで、自由にカードを組み合わせる時代にしたいと思ったのだった。情報の誕生のスピードが加速に加速を重ね、すぐに古びてしまったり、なかったことにされてしまう時代。表向きにしたカードもすぐに裏返ってしまうかもしれないが、僕は「神経衰弱の逆イメージ」が大事ではないかと強く思う。

２０１７年、入学した京都市立芸術大学の博士後期課程で取り組んだのが、10年ほど前から関心を持ってきたA～Zまでの26のキーワードでそのものの本質や世界観の表現に挑む古典的編集手法だ。26ワードでそのものの8～9割を表現可能と感じている。A to Zのよさは何と言っても素人でも編集が簡単なこと、扱いやすさだ。この手法を使い、まちや村の魅力、地域資源の表現を府内外で試み続けている。

info　吉田初三郎の存在を20年前に教えてくれたのが、叔父の上柿幸雄だ。綾部市役所定年退職後も自治会の活動など、晩年まで地域貢献に尽くした。「井倉自治会 A to Z」はぜひ実現させたかったが、2022年、帰天してしまった。

61

AtoZ名刺

5秒でキーワードを伝える方法

AtoZの良さをもっともっと伝えていきたい。AtoZを名刺で表現できたら。神戸のデザイナー神崎奈津子さんに「AtoZ名刺」のデザインを依頼した。2つ折りにすると名刺サイズ。塩見直紀のキーワードがAからZまで26個、書かれている。A＝綾部生まれ、B＝本（半農半Xという生き方）、C＝コンセプトスクール、D＝ソーシャルデザインといった感じだ。5秒で僕を理解してもらえる。名刺交換の際、「いいですね、私もしようかしら」と言われるときは、「どうぞどうぞお使いください」と言っている。みなさんもぜひフォーマットを活用いただけたらうれしい。徐々に交流を深め、相手のことを時間をかけて知っていくのもいいが、名刺で伝えられることがあれば、伝えれたらと思う。千葉で出会った日本駐在の外国人記者の方が、AtoZ名刺を見て、「E＝英語で半農半X」に5秒で反応され、こう答えた。

Q あなたがAtoZ名刺をつくるなら、どんなキーワードを加えますか？

［　　　　　　　　　　］

「英語で半農半Xは正式な訳がないんです。何かいいことば、ありますか?」と。

以前は名刺は大事にファイル化、その後、デジタルで読み取る流れ。『名刺は99枚しか残さない』という本もある。名刺はもらって、すぐにメールをしたあと、捨てるという人もいる。もう名刺の時代ではないかもしれないが、活かせることはまだまだあるのかもしれない。

ある経営者の方とあやべ特産館内の「綾茶カフェ」で2時間、話をうかがうことがあった。2時間経ったとき、出されたキーワードがその方の「核心」をあらわすキーワードだった。自分AtoZを書きだすシートに5分で書いてもらうとしたら、そのキーワードを書きますか?と尋ねたら、「書きます」とのお返事。AtoZを使えば、5分で核心部分に辿り着ける可能性があると思った瞬間だった。AtoZパワーを実感。AtoZマニアな僕だが、コレクションしてきたAtoZ本を綾部市図書館にまるごと寄贈した。生駒彩子館長（当時）がAtoZコーナーをつくってくださった。図書館だと、本は分野ごとでバラバラの配架となるが、AtoZをまるごと一棚に置いてもらった。過去につくったり、制作支援したきたLocal AtoZ作品もファイル化もしてもらっているので、AtoZに関心がある方はぜひ市立図書館を訪ねてほしい。

info 来客があると、あやべ特産館内の「綾茶カフェ」（青野町）やアート系の「ギャラリーカフェ日々」（西町）など、お世話になってきた。福知山には「カリフォルニアランドリーカフェ」「古本と珈琲モジカ」「まぃまぃ堂」などいいカフェがいっぱい。

62

塩見直紀A to Z

世界のみんなが「自分A to Z」ブックをつくる時代

▼214・215頁

絵本作家・安野光雅さんの作品に『魔法使いのABC』というユニークな一冊がある。大学時代、同級生だった妻が教えてくれた本。この絵本は「アナモルフォーシス」というわざとひずませた絵や文字を描いておき、それを円筒の鏡にうつすことで正しい文字や絵になるというものだ。その発想を使って、フェリシモの入社試験前の課題「自分カタログ」（20頁の白紙のA4ノート）に活かしたことがある。塩見直紀のNAOKIをN＝nature、A＝art、O＝open heart、K＝kids、I＝interestingで表現した。これが僕にとってのA to Zの始まりだったかもしれない。

2004年ころ、京都通の木村衣有子さんの本『京都のこころA to Z～舞妓さんから喫茶店まで』（2004）に出会う。A to Zを使って、京都市内の特徴をアート、

Q 自分A to Zに入れたいキーワードをまず10個書いてください。

［　　　　］

着物、禅寺など、特徴的な26を集めた本だ。特に影響を受けたのが「〜のこころ」と表現されたところだ。「こころ」とは、「〜'ｓ ｗｏｒｌｄ」「独自の世界観」といったところだろうか。

この本との出会いから3つの試みをおこなっていく。1つは「塩見直紀のこころＡ to Ｚ」という人それぞれのＸ、こころ、世界観の可視化だ。2つ目は「綾部のこころＡ to Ｚ」という都会でない地方の小さな市町村にあてはめていくという発想。3つ目は「半農半Ｘのこころ Ａ to Ｚ」といったテーマごとの深掘りに応用することと。「半農半Ｘのこころ Ａ to Ｚ」は種まき大作戦との共編著『半農半Ｘの種を播く』（２００７）に掲載した。「塩見直紀Ａ to Ｚ」だが、２０１８年にＣＤジャケットサイズ16頁の冊子にしてみた。僕は世界の１人ひとりを１冊の冊子にする時代を夢見ていて、「イメージを伝えていくための見本」として制作してみた。就活にも、第２の人生にも、「自分史」という本をつくる前段階にも使える。僕は自分の葬儀は家族葬と決めているので冊子はいらないが、葬儀の際、配布することにも使えるのかもしれない。せっかくなので、他のアイデアも書いておきたい。結婚式の引出物ブックにもぜひおすすめだ。カップル２人で1冊でもいいし、各1冊でもいい。「〇〇家Ａ to Ｚ」もいいだろう。

info　福知山市三和町で農家民宿「ひでじろう」を営む加藤英雄さん（のこぎり演奏家で「ひでじろう」というアーティストネームをもつ）による「ひでじろう A to Z」や同市生まれの美術家・新井厚子さんの「新井厚子的 A to Z」、同じく落語家・桂三扇さんの「桂三扇 A to Z」も誕生している。

63

ふるさとの市町の魅力の可視化

綾部A to Z

綾部での日帰り、１泊２日、２泊３日の各種の綾部里山交流大学をおこなってきたが、リーマンショックや様々な感染症などもあり、新幹線で首都圏から綾部に来てもらうという発想に限界を感じることもあった。思い切って、東京で交流大の開催を。そんな試みを２０１４年から３年間、毎月東京でおこなってきた。どのまちもそうだが、そうしたイベントの際、まちのパンフをたくさん持っていって、配布をする。どれも同じパンフに見えてしまうハイクオリティ時代だし、紙物を減らしたい、それを家に持ち帰らない時代。そこで考えたのが、Ａ４サイズ１枚で綾部を表現する「綾部Ａ to Ｚ」だった。Ａ～Ｚの26のキーワードで綾部を表現する。Ａ＝合気道発祥地、Ｇ＝グンゼ（郡是製糸）、Ｍ＝ものづくりのまち、Ｐ＝世界連邦、平

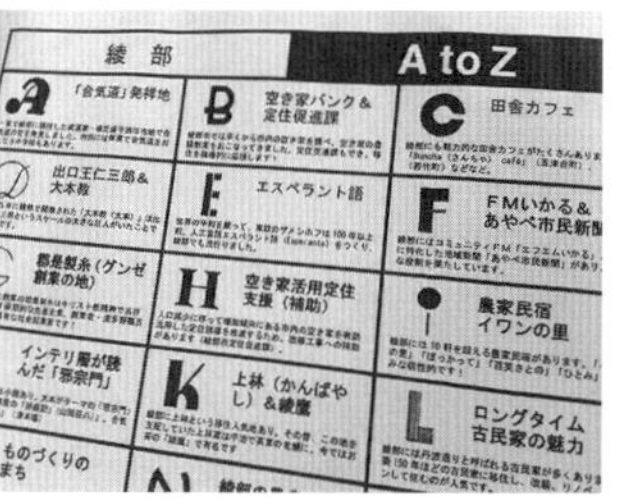

あなたのまちのA to Zをつくるなら、どんなキーワードを挙げますか？

［　　　　　　　　　　　　　　　　］

和のまちなど。
　A to Zを長年取り組んできての肌感覚だが、A to Z26のキーワードでそのものの8〜9割を表現可能ではないかと感じている。1人ひとりの自分A to Z化だけでなく、市町村〜集落のA to Z化の取り組みをおこなっていたら、福知山公立大の1期生・岡本美穂さん（現在、豊岡市役所奉職）が故郷の兵庫県豊岡市版をつくりたいと研究室にやってきた。1年の授業時から、豊岡愛を表現してくれた彼女は「飛んでる豊岡A to Z」（2019）という作品を一人でつくってしまった。1000部印刷し、豊岡市内に配架した。就職後、岡本さんは「懸命につくった作品は自分のことを守ってくれる」というメッセージをくれた。2期生の内藤和さんは卒業研究作品として故郷の島根県安来市の魅力を集めた「やすぎ発見！A to Z」（2021）を制作。地元の山陰中央新報に紹介され、近隣や知人が見てくれ、新しい輪も生まれた。作品は市に寄贈し、各所に配架された。地域経営を福知山で学んだ若い世代が故郷の魅力を伝える作品をつくり、贈り物をする、恩返しをする。いい流れだなと思っている。市町村のA to Zだが、福知山公立大学の学生グループによる京都府宮津市の魅力を集めた「みやづA to Z」（2021）や兵庫県朝来市梁瀬地区の魅力を紹介した「みんなで作るやなせA to Z」（杉岡ゼミ生プロジェクト、2019）も生まれている。

info 福知山公立大の塩見ゼミ生による福知山をデザインの観点からすばらしいと思うものを26個表現した作品「福知山グッドデザイン A to Z」（2017）もある。ぜひみなさんの地もグッドデザイン版を。

64

福知山限定でAtoZをつくる

テーマが尽きないまちに

福知山公立大学の2~3年生ゼミにおいて、「協業で何かの1つのテーマについてAtoZをつくる」という課題のほかに、「各自が個別テーマで1人1作つくる」という課題もおこなってみた。共同作品もいいが、1人でつくることで力がつくこともたくさんある。多くの学生は「この地は何もない」と思っている。それを承知しつつ、与えた課題は「福知山に関することをテーマにAtoZ化する」というものだ。完成した作品のなかで特にすばらしいと思ったのが、「踊せんべい」などで有名な老舗菓子舗「ちきり屋」をテーマにした「ちきり屋AtoZ」と、京丹後市出身の学生による「京都丹後鉄道AtoZ」だった。完成度が高く、そのまま発行してほしい作品だった。母校の魅力をまとめた「福知山成美高校AtoZ」、福知山出身の人気お笑

Q みなさんの地域で○○ AtoZ をつくるなら、何をつくるだろう。

［　　　　　　　　　　　　　　　　　　］

いコンビ「千原兄弟Ａ to Ｚ」、マニアックだが、「国道９号線（夜久野〜牧間）Ａ to Ｚ」や「福知山駐屯地Ａ to Ｚ」など名作も生まれた。

福知山には何もないではなく、見ていないだけ。テーマはたくさんある。そんな視点をいつも、そしてこれからずっと持ち続けること。どこに住もうと、今後もそんなまなざしを忘れないでいてもらえたらと願う。作った作品が町の新たな地域資源になる。そんな気持ちをもって挑んだ福知山公立大学での５年間だった。情報学部ができた福知山公立大生は全学生８００名程度で小さな大学だが、８００の視点を生かせば、いろいろできることもあるだろう。

思いがけないのが、福知山の３つの中学校（三和、夜久野、大江）で旧町単位での魅力をまとめた作品づくりの応援もできたこと。平成の大合併で福知山市となった三和、夜久野、大江には中学校は各１校のみ。中学校区がそのまま旧町となる。「みわＡ to Ｚ」（２０１８）は全校生徒41名で、「夜久野Ａ to Ｚ」（２０１９）は小中一貫校の７年生16名が、「大江Ａ to Ｚ」（２０２０）は２年生40名がつくってくれた。全国の中学校で校区の魅力をＡ to Ｚ化する。そんなプロジェクトが生まれたらすてきだ。京都府立福知山高等学校附属中学校の１年生40名は「由良川Ａ to Ｚ」にチャレンジしてくれた。１年かけての研究成果、作品は２０２１年、印刷され、地域に配付された。

info　福知山出身の第47代総理大臣・芦田均先生のＡ to Ｚも顕彰会のみなさんによって制作された（2018）。Ａ to Ｚ専用ＨＰで公開している。

65

A to Z Deep対談
市民の「自分A to Z」を聞くラジオ

人口8万弱の福知山市で自分のキーワードをリストアップしてもらう「自分A to Z」プロジェクトを2017年秋、始動。福知山のコミュニティFM「京都FM丹波」の能戸美香さんとの出会いがあり、市民参加型のラジオ番組「七色バラエティワイド」で月1回のペースで1時間弱のA to Z番組が始まった。タイトルは、「A to Z Deep対談」だ。ゲストにお招きしたのは福知山で新規就農されたミヤサイの宮田裕美さん、山山アートセンター代表で美術家のイシワタマリさん、作業療法士の古川絵美さん、芦田均元首相顕彰会の土家潔事務局長ほか、丹波福知山明智光秀公研究会の芦田八郎さんほか、福知山市役所シティプロモーションの宇都宮萌さん、同経営戦略課でデータマニアの川村杏子さんなどなど。事前に自分A to Zシートを書いてきていただき、キーワードについて、尋ねていく。「自己紹介は地球を

Q 地元のFMで番組をつくるなら？

『　　　　　　　　　　　　』

救う」（前述2章）のラジオ版だ。

２０１８年、公立大の2期生、上埜妙子さんと田中奏さんをゲストに招いたら、2人ともしゃべりが上手でびっくり。長野出身の上埜さんは高校時代、パーソナリティにあこがれていたという。青森出身の田中さんはしゃべりの天才で、それをいかす道で社会人になって頭角をあらわす人。地元のＦＭでラジオに長く関わってくれたらいいなと思っていたら、毎月1回の「公立大生の全国トコトコラジオ」という番組を始めてくれた。公立大生をゲストに招き、福知山での暮らしや大学生活、夢などを尋ねる番組。なんと卒業直前まで続けてくれた。ＡtoＺ Ｄｅｅｐ対談のゲストから新しい物語がいろいろ生まれていったと能戸さんからうかがい、副産物の誕生、うれしく思っている。ＡtoＺ Ｄｅｅｐ対談は残念ながら僕の転居で終了となったが、たくさんのことをラジオで教わった。いま再びラジオの時代。ラジオでできることって、まだまだたくさんありそうだ。それを市民が一緒に開発できるか。そんなことが問われているようだ。福知山市長をゲストにＡtoＺがうかがえたり、市議それぞれのＡtoＺ、市職員それぞれのＡtoＺも聞けるといい。まだまだお出会いしていなかったたくさんの市民のみなさんのＡtoＺを拝聴できず、残念だったが、いつか番組後継者がうまれたらと願っている。

info 舞鶴のＦＭまいづるもおもしろい。こちらは海の香りがするようだ。綾部、福知山、そして舞鶴。３局出演をさせていただいたが、コミュニティＦＭの地域性やコンセプトっておもしろい。

66

若者が住みたいまちAtoZ
世界からキーワードを集める方法

大学コンソーシアム京都主催の「京都から発信する政策研究交流大会」が毎年おこなわれ、政策系の京都府内の大学ゼミ生が政策提案を競う。京都は政策系学部学科が多いようだ。京都大、京都府立大、同志社大、立命館大、龍谷大、京都産業大、そして福知山公立大など現在、12校の参加がある。2018年、第14回の交流大会のなかの学生企画プログラムでの講演依頼が舞い込んだ。学生が選んでくれたのもうれしい。

講演のテーマは「若者が住みたいまち」だ。企画メンバーの学生、コンソーシアムスタッフの方と亀岡で会い、意見交換したとき、提案させてもらったのが、「若

Q あなたが住みたいまちのキーワードは何ですか？

『　　　　　　　　　　　　　　　　』

者が住みたいまち」に関するキーワードをＡtoＺでゼミ単位で募集できないかということだった。学生の若い力というのはすばらしいもので、キーワードを集め、それを冊子に編集し、当日配布を実現してくれた。京都の政策系の学生が考えている住みたいまちのキーワードが64個のキーワードと短いことば（ツイッターの１４０字程度）で可視化された。冊子に載った大学数は10大学の31ゼミ、10人の個人からの応募。キーワードをいくつか紹介すると「C＝Charming（魅力的）」「D＝Develop（創意工夫ができる）」「G＝頑張っている若者を応援する町」といったキーワードがあった。僕は「F＝Flare（情熱）」（福知山公立大・佐藤ゼミ）にインスパイアされた。

その冊子を見た時、思ったのは、東京の学生はどうか、北海道や福岡の学生はどんなキーワードをあげるのか。共通点や違いは何かということだ。アメリカ西海岸の学生やベルリン、上海の学生はどんなことを望んでいるのだろう。ＡtoＺという世界共通ともいえるフォーマットを使えば、集めることも編集も簡単だ。２０１８年にできた「若者が住みたいまちＡtoＺ」冊子はその後の授業でも使っていくのだが、それにしてもお宝キーワードというのはあるもので、自分だけの力では出せないキーワードはこの世にたくさんあることを教えてくれる。この「若者が住みたいまちＡtoＺ」は公開されているので、関心がある人はぜひチェックを。

info 当日の政策研究交流大会は、龍谷大学深草学舎で開催された。実は筆者は2016年度、同大学院政策学研究科の1年修士コース（NPO・地方行政コース）でお世話になっている。考え方が近い先生が多く、たくさんの刺激をいただいた。修論テーマは半農半X。客観的に書くことに苦戦。落第だった！

67

集落の名刺

南丹日吉の世木地区4集落のA to Z「4部作」化

「各人が有する資源」と「地域の資源」を1冊の本で見つけるワークブック「じぶん資源とまち資源の見つけ方」（2016）をつくった。自分と地域をともに知ることをめざす本はまだないかもしれない。京都新聞に掲載いただいたら、京都府南丹市日吉町世木地区4集落の1つ、中世木集落（約50戸）のリーダー・吉田辰男さんが記事を見て、あやべ特産館にわざわざ買いに来てくださった。お出会いしたとき、「集落単位でA to Z冊子をつくれたら」という夢を話したら、「うちでやりましょう」と言ってくださった。

吉田さんは中世木集落のビジョン委員会の代表で、出会いの3カ月後の2017年1月、20名参加のワークショップの場を設定くださった。「自分A to Z」で軽く頭の体操と集落間の人財豊富性を確認。次いで「中世木A to Z」のキーワード出し。

Q あなたの住む自治会（集落、町内会）で制作するなら、どんなキーワードがありますか？

［　　　　　　　　　　　　　　　　　　　　　］

キーワードをシェアし、ホワイトボードで１本化。あっという間に集落のキーワードが埋まり、ベスト26がセレクトできた。そこから、ＡtoＺそれぞれ１４０字程度の文章担当、写真担当を決めていく。驚いたのが、誰１人、文を書くのが嫌だと言わなかったことだ。１人くらいは書けないとかいいそうだが、それがないという驚き。僕はこうした集落を「積極集落」と呼んでいる。集落単位で魅力を１冊のＡtoＺ冊子にするという夢が実現。吉田さんは「これは集落の名刺にもなります」と言ってくださった。ネットで調べてみると「集落の名刺」というものはヒットしなかった。新たなジャンルが生まれたのかもしれない。

集落支援員・浅田徹雄さんらが動いてくださり、翌年度、世木地区の１つ「殿田集落」（約１００世帯）でも制作できた。集落ごとに進め方、参加層が異なってもいい。面白いのは、参加された人が次は他の集落で制作支援ができる点だ。「殿田ＡtoＺ」の完成で４集落のうち半分ができた。願いは「４集落・４部作化」だ。残りの２集落「生畑」「木住」は小規模、高齢化で制作は難しいのでは、と言われたが、３年目に２つが完成することになる。４集落が１冊になるのではなく、集落ごとに１冊化。そのことも喜んでもらえた。４つを見比べると、集落の違い、差異、集落多様性も見えてくる。

info 京都府南丹市在住でＮＰＯ法人テダス事務局長・田畑昇悟さんの本『「集落の教科書」のつくり方』（農山漁村文化協会、2022）は注目書だ。移住者を助けるガイドブック「集落の教科書」を日本で初めてつくったのが世木地区。ＡtoＺによる「集落の名刺」はこうした土台があってできたのだ。

68

水源の里AtoZ
すべての集落の魅力を可視化する

綾部市役所が2017年度から導入したコミュニティナース事業（地域おこし協力隊）。全国から20代〜40代の看護師3名が綾部にやってきてくれた。コミュニティナース（以下、コミナス）とは何か。その理念や活動内容をAtoZで冊子にまとめたらと3人に提案した。「半農半Xのこころ AtoZ」をおこなったように、新しい概念を説明するとき、AtoZは使えるツールだ。まずは3名それぞれにコミナスAtoZのキーワード各26個をあげてもらった。それがみな深く、26に選ぶのに困ってしまった。そこで、3人それぞれ「ベスト10キーワード」に絞ってもらい、僕がセレクトすることに。2018年、「綾部コミナスAtoZ」が完成した。B＝伴走、U＝隠れた何か（Underground）、R＝敬意など（Respect）、いいキーワードがいっぱいあ

Q 両親や祖父母が暮らしたまちの集落や自治会など AtoZができる場所は？

［　　　　］

る。綾部市役所の交流定住地域振興担当の朝子直樹課長（当時）に「綾部コミナスＡtoＺ」を見せ、綾部市が力を入れる高齢化した小規模集落「水源の里」の魅力の可視化のために、各集落でも冊子化をしましょうと提案。京都産業大学現代社会学部の滋野浩毅ゼミと龍谷大学政策学部の的場信敬ゼミに集落に入ってもらって、ＡtoＺ冊子化が始まった（現在は滋野ゼミのみ）。現在計11集落の冊子（市志、市野瀬、光野、老富ＡtoＺ＝２０１９、古屋、金河内、仁和、かんばらＡtoＺ＝２０２０、清水、橋上の里ＡtoＺ＝２０２１、瀬尾谷ＡtoＺ＝２０２２）が完成した。（※「かんばらＡtoＺ」のみ地域住民による作品。）

Ａの欄が「アンティーク」と表現されていて驚いたことがある。たしかに村はアンティークの宝庫！　そんな視点で村を見れば、都会にないものがたくさん見えてくるだろう。僕は「集落多様性」と呼んでいるのだが、集落間の違いというのは、かなりの数の村を歩いてきたフィールドワーカーでもなかなかわからないものだ。ＡtoＺはそれを可視化できる。ＡtoＺを10年ほどおこなってきて、大きな収穫の1つは集落単位の可視化の可能性だった。集落単位で1冊のＡtoＺをつくる事業だが、佐賀県が関心をもってくれていて、模索中だ。日本のすべての集落をＡtoＺ化、地域の魅力の可視化は総務省事業にできたらと思っている。

info　綾部の「水源の里」古屋集落は90代の方が現役で村づくりに励むことで有名だ。お一人お一人の人生をＡtoＺで冊子にできたら！

69

脳内の宝物の見える化

みんなのおすすめ絵本を出し合って冊子にする

ずいぶん昔に出た外山滋比古さんの『思考の整理学』がいまもよく読まれている。『思考の整理学』の魅力は何か。思考の整理は僕にとって、いままでも、これからも大きなテーマだ。人生100年時代はさらに重要になっていくだろう。本書も「思考の整理」を意識した内容だ。作家・中谷彰宏さんはこんなことを書いている。「整理からテーマが生まれ、テーマが整理をさせる」と。

古典的編集手法A to Zを10年ほど、愛用してきて、A to Zは思考の整理にもいいと思っている。A to Zは「脳内検索」にもいい。頭のなかにAからZまでの「26

Q あなたのおすすめの絵本は何ですか？脳内検索したいテーマは？

[　　　　　　　　　　　　　　　　]

本のアルファベットの釣り糸」を垂らし、それにあうキーワードをどんどん釣り上げるイメージだ。

ＡtoＺを使って、福知山でどんな魅力を、何を可視化しようかと思っていたとき、これはいいかもと思ったテーマが「おすすめ絵本」というテーマだ。どのまちにも絵本好きはたくさんいる。絵本の読み聞かせなどのボランティア活動をおこなう山段弥寿子さんに声をかけ、絵本好きの女性によるプロジェクトが始まった。２０１８年、福知山公立大学のまちかどキャンパス「吹風舎（ふくちしゃ）」に、一押しのおすすめ絵本を持ち寄り、26冊をセレクトするＷＳをおこなった。みんなおすすめ絵本を話したい人ばかりの楽しい会。福知山市立図書館長をはじめ、スタッフの方も参加いただき、同年の秋の読書週間にＣＤジャケットサイズの冊子「福知山のファミリーとシェアしたいおすすめ絵本ＡtoＺ」が完成した。他のまちの方からは「自分のまちでもやってみたい」という声をいただいたり、新聞記事を見て、「自分編のおすすめ絵本ＡtoＺ」をつくられたり、輪が拡がっていく。みんな脳内に宝物をいっぱい持っている。それも地域資源なのだが、そもそもそれを活用という発想はあまりない。僕はそれをもったいないものだと思っている。脳内の宝物を眠らさず、次世代のために大事に使っていく。そんな時代がくればと思う。

info　京都府京丹波町の旧質美小学校の跡地を活かした施設のなかに「絵本ちゃん」という絵本屋さんがある。谷文絵さんが経営されるすてきな店だ。同じ校舎内にある窯焼きピッツア＆生パスタのPandozo Cafeもおすすめ。

70

認知症時代×A to Z

もう1つのパスポートをつくる

綾部市立病院の作業療法士・古川絵美さんに「自分A to Z」をすすめたところ、「自分A to Zは回想法にもいいですね」と教えてくれたことで、おもいがけないジャンルへの関心を持つようになった。遅ればせながら、六車由実さんの『驚きの介護民俗学』や岩崎竹彦さんが編集した『福祉のための民俗学―回想法のススメ』などを読むようになった。古川さんと同じく福知山在住の美術家・イシワタマリさんに「自分A to Z」の制作を依頼したら、驚きの作品をつくってくれた。それが「イシワタマリを介護するときに読んでほしいA to Z」(2019)だ。

介護とあるので、高齢の方と思われたかもしれないが、イシワタさんは30代。どんな切り口の自分A to Zにしようかと迷われるなかで生まれた作品は、僕にA to Zの新たなミッションを、A to Zを活かした新領域の可能性を教えてくれた。京都府

Q あなたの周辺にA to Zを作っておきたい人はいますか?

[　　　　　　　　　　]

の保健師の荒堀由妃さんは認知症時代にパスポートになるのではないかという。パスポートは名前、性別、国名、都道府県名、顔写真、旅券番号などが記された世界で通用する〝身分証明書〟だが、自分Ａ to Ｚをつくることは認知症時代の新しいパスポートになるのでは、とメールをくれた。すてきな表現だし、そこからいろいろなアイデアも浮かんでくる。僕も「塩見直紀Ａ to Ｚ」（２０１８）をつくっている。これもいつか役立つ日がくるだろう。介護してくださる方が、僕のＡ to Ｚを見て、絵本や本が好きなことや、写真を撮るのも好きだったらしい、ということを知り、そこから何か、介護のヒントとなればうれしい。認知症１０００万人時代に向けてＡ to Ｚができることはいろいろありそうだ。

鎌倉でおこなわれたある会で出会った方が、「母子手帳×Ａ to Ｚ」というアイデアを授けてくれた。通常、母子手帳は一定の年齢で使命を終えるが、僕はそこにＡ to Ｚメモ欄があり、その子が例えば、こんな絵本が好きだったとか、建築が好きだったとか、空に関心があったとか、どんなことに関心をもってきたか、Ａ to Ｚでメモすることができたらと思っている。母子手帳Ａ to Ｚから認知症Ａ to Ｚまで。Ａ to Ｚを人生で活用する。そんな時代をつくっていきたい。アイデアを思いつかれたら、ぜひ連絡を！

info　作業療法士の古川絵美さんが「自分らしく生きるを支える作業療法士 A to Z」（2019）を仲間と作られたら、大反響。作業療法士をめざす若者にも読まれるようになった。また南丹市の上薗和子さんは「つながる A to Z（別冊・南丹市認知症ケアパス）」づくりに挑戦された。成果物は公開されている。

71

これからを生きるためのA to Z

みんなが希望のキーワードを出し合う時代へ

コロナ禍1年目の2020年5月、フェイスブックで「これから(アフターコロナ、ウィズコロナ)を生きるためのキーワード」は何か、「1人3案」、募集してみた。集まったキーワードをA to Zで集約し、CDジャケットサイズの冊子にするというプロジェクトだ。1人3案としたのは、「共生」といったキーワードは多くの人がみなあげると想定され、重なってしまうので、他の2案も出してもらったほうが2度手間にならないという経験からだった(※綾部ローカルビジネスデザイン研究所編「ローカルビジネスのつくり方問題集」所収の26名による「ローカルビジネスのこころA to Z」でも3案出しの依頼をした)。

Q これからを生きるためのキーワード。あなたのキーワードは何ですか?

[　　　　　　　　　　]

英国在住の日本人の方を含め、全国の13名の方からキーワードが届き、僕がセレクト。それぞれ１４０字ほどの文と提供写真をレイアウトした作品が「これからを生きるためのＡ to Ｚ」（ＣＤジャケットサイズ、16頁カラー、２０２０）だ。たとえば、「Ａ＝間を詰める」「Ｊ＝恕」「Ｗ＝吾唯だ足るを知る」といったキーワードがあがった。どんなテーマでも、ひとりでも作ることができるし、意味もあるが、たくさんの方とおこなうと自分にはない発想が含まれ、化学反応がおもしろい。

今回は日本語のみの呼びかけだったが、英語で世界に呼び掛けることも簡単な時代だ。「若者が住みたいまちＡ to Ｚ」でも書いたが、Ａ to Ｚという世界共通フォーマットにより、アイデアを出してもらいやすく、仕上がりイメージも伝えやすい。宮津の建築家・羽田野まどかさんもキーワード出しをしてくれた方だが、「これからを生きるためのＡ to Ｚ」のご当地版（宮津編）もおもしろいと言ってくれた。なるほどだ。福知山公立大の「交流居住論」という授業で学生にキーワード出しをしてもらったり、個人的にはオンラインセミナーでも何度かおこなってみた。みんなが出したキーワードは誰かのキーワードにもなっていく。各自のキーワードをみんなのために使える社会に、シェアできる社会にもっとできる。そんなことを思っている。作品はＡ to Ｚ専用ホームページで閲覧可能だ。

info スモールビジネス女性起業塾で講師をお願いしたりしてきた宮津の建築家・羽田野まどかさん（株式会社宮津町家再生ネットワーク代表）は宮津で女性も集う起業家のネットワークをつくっている。

72

A to Zしかしない会社

A to Zを使ってできることは無限

「山陰海岸ジオパークA to Zをつくりませんか?」「天橋立A to Zや伊根の舟屋A to Zもいいですね」「京都丹後鉄道A to Zをつくり、全国のローカル鉄道に展開。ダムカードのようになるのもいいかもですね」「日東精工さん、ねじA to Zを新人研修やインターン研修でつくりませんか?」…。

A to Zになりそうなテーマを見つけ、会社等に営業をする。それを若いデザイナーや在宅のお母さんデザイナーが作品にしていく。テーマは無限にあるはず。あるとき、「A to Zしかしない会社」がつくれたらと思うようになった。CDジャケットサイズ16頁での編集については、Illustrator（Adobe社の描画ツールソフト）でつくれるフォーマットを公開しているので、関心のある方はぜひチャレンジを。神戸のデザイナー神崎奈津子さんと共同開発したフォーマットだ。

Q あなたがA to Zしかしない会社に入ったら、どこへ営業に行きますか?

[ ]

なぜＣＤジャケットサイズにしたのか。実は三重県伊賀市にある「伊賀の里モクモク手づくりファーム」から講演依頼があり、訪問の際、スタッフの方に「モクモクＡtoＺをつくったらいいですよ」と伝えた。すると、数カ月後に、「モクモクのＡＢＣ」が届いたのだった。サイズはＣＤジャケットサイズをほんの少しだけ大きくしたサイズ。とてもいい感じだった。なかのレイアウトはＡのサイズが大きかったり、Ｂが小さかったり、内容により、変動型。毎回、レイアウトを変えるのはデザイン料に限界があり、神崎さんにお願いしたのは、ＣＤジャケットサイズでＡ〜Ｚまでが１頁に３つ（Ａ〜Ｃ）と写真のサイズも文字数も固定となったものだ。レイアウトデザインにかけれる予算がないという「制約からの発想」。限られた紙面のなかで、また新たなデザインの進化をみなさんがしてくれたらうれしい。

最近、福井県の三方五湖周辺で、自然に恵まれた地域・地方のこれからを見据えたワーケーションのカタチを探る冊子「若狭・三方五湖ワーケーションＡtoＺ」（三方五湖ＤＭＯ、２０２２）ができた。毎年、「若狭ソーシャルビジネスカレッジ」に招いてくださる田辺一彦さん（若狭路活性化研究所代表・湖上館代表）が働きかけてくださった。余談だが、「ＡtoＺノート」も開発してみた。ＡtoＺの日常使いの時代へ。いつか市販ができたらと思う。

info　京都府南丹市で「黒胡麻くりえいと」の屋号でデザインをおこなうイラストレーターの渡辺典子さんはこれまでに「園部藩立藩四百年 A to Z」（南丹市歴史探勝会、2019）や「子どものための亀岡 A to Z」（亀岡市教育研究所、2020）、「綾部グッドデザイン A to Z」（塩見直紀、2021）もデザイン！

73

A to Zスケッチ〜自分A to Zをつくろう

26の問いかけから描く自分

自分A to Zをつくること、自分と向き合うことの効果をどんどん感じている。自分A to Zをもっとたくさんの人に、チャレンジしてもらいたい。そんななか作ってみたのが「A to Zスケッチ」(CDジャケットサイズ16頁、2020)というワークブックだ。「26の問いかけ」に答えていくなかで、自分A to Zに記入すべきキーワードの発見のきっかけをつくるという作品だ。A to Z 26のキーワードで自分を描いていく、スケッチするという意味も込め、「A to Zスケッチ」と名づけた。問いかけはこんな感じだ。

A＝愛読書／B＝信じていること／C＝コレクション／D＝大事にしていること、もの／E＝栄光(輝いた)のとき／F＝大好きなこと／G＝ゴール、めざすと

Q 「A to Z スケッチ」の「T ＝転機」の問い。あなたの転機は?

[　　　　　　　　　　　　]

ころ／H＝ヒストリー、人生年表／I＝生きる意味、生きがい／J＝人生とは？人生のテーマ／K＝家族／L＝長く続けていること／M＝ものづくり、創作、手作りしているもの／N＝名前の由来／O＝アウトプット／P＝両親／Q＝大事にしている問い／R＝7ルール、こだわり／S＝出身、住んだまち／T＝転機／U＝座右の曲／V＝旅、訪れたまち／W＝仕事／X＝出会い、ご縁／Y＝夢／Z＝座右の銘。

「A to Zスケッチ」はスモールビジネス女性起業塾の残預金をゼロにするとき、役に立てるものを、ということで制作した。A to ZスケッチのPDFは公開されているので、ぜひ活用いただけたらと思う。CDジャケットサイズのかわいいA to Zブックが、まちのカフェとかに置いてあり、コーヒーを飲みながらペンを持ち、冊子に向かうシーンがあちこちで生まれたらと思っている。中高生、大学生の進路選択の時期などにも活用いただけると思う。7つのルールで話題の女性の人生を映し出すドキュメントバラエティ番組、フジテレビ系の「セブンルール」が、あなたの7ルールを動画にできるアプリを公開している。僕は紙とペンが好きだが、アプリ版とかもいいのかもしれない。いいかもと思った方は、ぜひA to Z版アプリを作成してほしい（笑）。「A to Zスケッチ」のレイアウトデザインはミズタマートの水田ウタコさんで、A to Zの絵文字はお子さんの手書き文字作品だ。

info 京丹波町の「喫茶かりん」は古い蔵を改装したすてきな空間。店主の山本智子さんがつくるパンもおいしい。『京の田舎ぐらし〜18の新しいライフスタイル』（京の田舎ぐらし・ふるさとセンター編、京都新聞出版センター、2008）にも登場していただいている。

74

A to Zスケッチ【地域編】

まちの魅力をA to Zで棚卸しする

「A to Zスケッチ」（2020）は自分A to Zをつくるヒント集だが、「地域（市区町村～集落）編」の冊子もつくりたい。試作品では以下の問いを考えていて、ここから選んでいこうと思う。複数候補がある状態を見ていただこう。A＝新たな魅力（もの、場所、人など）or 愛を感じる場所／B＝場の力、魅力的な場所／C＝まちがチャレンジしていること or まちにどんなローカルカルチャーがあるのか／D＝伝統、伝説、代表的な人・もの or ここはどんなまち／E＝○○といえば○○／F＝風水的にいいところ、大好きな風景 or 花の名所／G＝魅力的な学び舎、カレッジ、学校／H＝歴史的な建物など or まちの魅力的な発想 or 方言を活かした公共施設をつ

Q 上にない問いで、あなたが加えたい問いは？

［　　　　　　　　　　　　　　］

くるなら／I＝言い伝えorインスパイアしてくれること、もの／J＝人財or自慢できること／K＝いい風が吹くところ、気持ちのいい場所、風景or関わり代のあるグループなどor変わっていること・もの／L＝魅力的なライフスタイル、ローカルルール／M＝まちを高いところから見渡せる場所は？orマニアックなものを3つあげるなら／N＝ネーミングするならor眺めのいいところ／O＝おすすめの風景、場所orおもしろいところ・おもしろくできることor古いもの／P＝フォトジェニックな人・もの／Q＝まちが大事にしている問いは／R＝リスペクトするもの、できるものor改革できること／S＝いいお店、すてきな世界観があるもの、店、人or何の聖地　おもしろい仕事は／T＝特徴or魅力的な考え方orとがっている人orサードプレイスは／U＝ユニークな人、まちのユニークな点は（ユニークポジショニング）／V＝まちのビジョン／W＝よい水の湧き出るところor魅力的な仕事／X＝クロスするところ、出会い、イベント、場所、orまちの謎は？／Y＝優位性をもつもの／Z＝ずっと続いていてほしいこと。

いかがだろうか。ここからA to Zにセレクトするのだが、A to Z26の半数13を超えるキーワードが出れば、あとは執念。大事なのは荒削りでも完成させること、可視化すること。いいキーワードが生まれていくと信じよう。

info 2021年度、京都府文化政策室では、文化庁補助事業を活用した取組「次世代と地域文化をつなぐミュージアムプロジェクト（つなプロ）」において、宮津市と亀岡市の２地域でA to Zを作成した（公開中）。

75

毒と塩とぜんざいと
塩見直紀の毒とは何か

芸術系の大学で学んだことのない者がいきなり芸大、それも博士課程で学ぶ。主査の先生も困っただろう。社会人試験でなぜ入れたか。それは半農半Xの過去の取り組みが実績として認められたからだった。そして、それが現代アートの主要なテーマ（アイデンティティ、孤独、平和、環境、資本主義など）と隣接していたからだろう。博士後期課程1年目の前半は現代アートの本、例えば、ドイツの前衛美術家ヨーゼフ・ボイスの本やソーシャリー・エンゲージド・アートに関する本を読むところからスタートだった。いろいろな本を読む中で、ひっかかったことばがある。それは「アートが持つ毒」についてだった。アート、芸術には毒がある、あるものだ、ということば。自分はどちらかといえば、というかどう見ても「無毒系の人間」だ。

Q 塩見直紀の毒って、何ですか？（笑）

[　　　　　　　　　　　　　　　　　　]

２０２１年、田中ひかる編著の『アナキズムを読む〜〈自由〉を生きるためのブックガイド』が出版された。アナキズムな本を55冊紹介した本に拙著『半農半Xという生き方【決定版】』も紹介された。田中氏はこう書く。「著者（塩見）の語りは、いかなるイデオロギーにも依拠せず、資本主義や政治を声高に批判することもない」と。

攻撃的でない、誰も批判をしない。これはまさに自分がめざしてきた道だ。必ずアートに毒がいるものではないが、僕がめざすのは、どんなものだろう。毒も薬になることもあるし、良薬にも劇薬にもなる。たとえば、A to Z作品のなかで、もっとも毒だったのは何か。それは集落単位でのA to Zがそれだったのではと思う。主流メディアへの毒という意味だ。おそらく今後も、「僕にとっての毒とは」は大きなテーマになる。実はこの本も毒かもしれない（笑）

ところで、毒に似ているものとして、「塩」があげられることがある。塩といえば、滋賀県の福祉人・田村一二さんの『ぜんざいには塩がいる〜障害児教育の原点』（１９８０）という本がある。父は小学校教員で途中から1年間、母校の大学で障がい児教育を学び、担当するようになった。その父の書棚で出会ったのが、『ぜんざいには塩がいる』だった。毒と塩とぜんざいと。おもしろい組み合わせだ。

info　綾部に移住し、ガラス工芸をされている小池靖さんが以前、里山ねっと・あやべでのシンポジウムで、都会から綾部に来て、作風がやわらかくなったと話されたことがあり、印象に残っている。仲間の芸術家の方々と、自宅でGWにおこなわれてきた「それぞれの工房展」が早く復活されますように。

第5章　参考文献

ジェームス・W・ヤング『アイデアのつくり方』CCCメディアハウス、1988
堀武昭『オーストラリアAtoZ』丸善ライブラリー、1993
木村衣有子『京都のこころAtoZ―舞妓さんから喫茶店まで』ポプラ社、2004
行方昭夫『身につく英語のためのAtoZ』岩波ジュニア新書、2014
小林薫『英語のことば遊びコレクションAtoZ』研究社、2003
ヌンチャクアーティスト宏樹『実戦ヌンチャクAtoZ―基本から秘技まで完全修得』BABジャパン、2019
山藤和男『ロボットAtoZ』オーム社、1995
『ゴスペルAtoZ』東京FM出版、2003
村上隆『芸術起業論』幻冬舎、2006
安野光雅・安野雅一郎『魔法使いのABC』童話屋、1980
田畑昇悟『「集落の教科書」のつくり方―移住者を助けるガイドブック』農山漁村文化協会、2022
外山滋比古『思考の整理学』ちくま文庫、1986
六車由実『驚きの介護民俗学』医学書院、2012
岩崎竹彦編『福祉のための民俗学―回想法のススメ』慶友社、2008
伊賀の里モクモク手づくりファーム編『モクモクのABC』伊賀の里モクモク手づくりファーム、2016
京の田舎ぐらし・ふるさとセンター編『京の田舎ぐらし―18の新しいライフスタイル』京都新聞出版センター、2008
田中ひかる編著『アナキズムを読む―〈自由〉を生きるためのブックガイド』皓星社、2021
田村一二『ぜんざいには塩がいる―障害児教育の原点』柏樹社、1980

第6章

めざしゆく世界

76

10億個の夢

人生で叶えたいことは何ですか？

半農半Xデザインスクール（XDS）や講演でのWSの機会で、よくおこなってきたのが、デザイナー・今泉浩晃さんの「マンダラート」を使ったワークだ。3×3のマス目の中央に問い「例・人生で叶えたいことは何ですか？」を置き、周囲の枠に8つの夢を書いていく。マンダラート発想法に1989年に出会って、影響を受け、活用させてもらってきた。「人生で叶えたいことは何ですか？」だと、富士山登山や四国巡礼、サーフィンやピアノ、ギターへの挑戦でもいいし、エネルギー自給、地域再生でもいい。小さなことから大きな夢まで8つをまず自分で文字にして、確認する大事な作業。いま、日本の人口は約1億2500万人。1人が8つの

Q あなたの夢は、人生で叶えたいことは何ですか？8個あげてみてください。

[　　　　　　　　　　　　　　　　　　　　　　　　　　]

夢をあげると、ちょうど10億個となる。保育園や幼稚園の子どももあげれることはいっぱいあるだろうし、高齢の先輩世代にもいろいろ夢を表現してほしい。僕は以前より、この「10億個の夢」という資源がこの国では未活用ではないかと思ってきたし、講演でよく話してきた。みなさんはどう思うだろう。環境や後世への配慮をしつつ、みんな叶えていけるよう支えていく仕組みができないか。政策にできないか。小さな市町においても、そうした発想のまちづくりがおこなわれていくことを望む。

ちなみにこの本の発行直前（2022年10月）の塩見直紀の夢を8個あげてみたい。①書籍1（いままで与えてもらった知恵を100個記す「G100」を本に、②書籍2（「天職観光」についての本）、③書籍3（「1人1研究所社会」についての本）、④書籍4（Local AtoZ に関する本）、⑤書籍5（多様な視点を紹介する「視点集」という本）、⑥書籍6（コンセプト、コンセプトゼミに関する本）、⑦書籍7（思考の整理についての本）、⑧Local AtoZやアイデアブックに次ぐ新たなメディア開発、教材開発、といった夢となる。書籍化が多いのは、残りの人生、残り時間から発想をしないといけない年齢にあること、人生のいままでの思索を本としてまとめておきたいという年齢的な願いのあらわれだろう。

info　綾部市青野町にあるグンゼ記念館に、絵図「五十年後ノ蚕都」（1927）が展示されている。50年後の綾部がこう発展してほしいと願った約100年前の人が描いた夢の地図だ。山崎善也綾部市長と市民のみなさんで新しい絵図を描いていってほしい。

77

いろいろなものをどんどん組み合わせていこう

ひとりＡＩ

第1章で、３つのキーワードの掛け算と活動場所をあげるワークを紹介したが、WSをするたびに、わずか3つのキーワードでもみんなの答えが異なることに驚いてきた。なぜみんな異なるのか。それは親が違い、兄弟姉妹も違い、読んできた本も、見た映画も、旅したところも、学校も、職場も違い、師も違い、関心も、生涯のテーマも違うから。

いろいろな人の考えや体験から学び、多様な人との対話や自己問答。それをどんどん混ぜ合わせ、独自の解、アウトプットを得ること。僕はそれを「ひとりＡＩ」と呼んでいる。いろいろなものを組み合わせ、ＡＩでも出せない答えを出していくことをめざすものだ。たとえば、２０２２年に僕が読んだ本の一部を紹介してみた

Q 家のなかで積んだままにしているけれど、死ぬまでに読んでおきたい本３冊をあげるなら？

[　　　　　　　　　　　　　　　　]

い。東京藝術大学 Diversity on the Arts プロジェクト編『ケアとアートの教室』（2022）、世界の集落調査がライフワークという建築家・原広司さんの『集落の教え100』（1998）、デザイナーの原研哉さんの『日本のデザイン〜美意識がつくる未来』（2011）、哲学者・千葉雅也さんの『現代思想入門』（2022）、メディアアーティスト・岩井俊雄さんの『アイデアはどこからやってくる?』（2010）、民俗学者・宮田登さんと歴史学者・網野善彦さんの対談集『歴史の中で語られてこなかったこと―おんな・子供・老人からの「日本史」』（2020）、現代アートのジャーナリストである小崎哲哉さんの『現代アートとは何か』（2018）など。

みなさんが2022年読まれた本と僕が読んだ本と、完全に一致する人はいないだろう。「価値観の多様化」といわれて久しいが、もっとすてきなことばはないものかと最近よく思う。「使命多様性」ということばが使われる時代になるのはもっと時間を要するだろう。いまは過去の学びへのこだわりを捨てる「アンラーン（unlearn）」の時代でもある。いろいろなものを組み合わせつつ、あえて捨てることもしつつ。それを繰り返しつつ、独自のブルー・オーシャンが見つかればいい。「僕のひとりAI」も「あなたのひとりAI」と掛け算すると、また新たな選択肢がきっと生まれる。

info　『トラクターの世界史―人類の歴史を変えた「鉄の馬」たち』や『縁食論―孤食と共食のあいだ』など注目書をたくさん書かれる京都大学人文科学研究所准教授・藤原辰史さんの『食べるとはどういうことか―世界の見方が変わる三つの質問』（農山漁村文化協会、2019）も縁あって2022年拝読。

78

1人1研究所社会

究極の成長戦略とは何か

「半農半X研究所」という屋号で活動を始めたのは2000年4月4日のこと。35歳の誕生日を始動日とした。半農半Xをテーマに講演をした際、「半農半Xの観点から成長戦略をどう考えるか」と問われたことがある。究極の成長戦略とは国民1人ひとりの潜在力の発揮。これが僕の答えだ。それ以降、半農半XのXを発展させた考え方として、みんなが自分のXを研究所の代表として、生涯探究する「1人1研究所社会」ができないかと思うようになった。

あるとき、つれあいの故郷・下関市を夕方歩いていたら、「腹話術研究所」という小さな看板を見つけ、驚いたことがある。夕方なので、玄関をノックできず、その夜、帰綾予定だったのでお話もうかがえなかったが、インスパイアされた。その

Q あなたは何をテーマに研究所をつくりますか？

[ ]

後、お隣の舞鶴を車で走っていたら、「一条卓球研究所」の看板と出会う。こんな出来事が続き、僕は個人がおこなう小さな研究所に関心を持つようになった。

「研究所★研究所（小さな研究所を研究する研究所）」というブログを始めたのは２００５年のこと。ユニークフェイス研究所、森のなりわい研究所、田中文脈研究所など、多様な研究所に出会うなかで、見えてきたのは、どんなテーマであろうと、おそらくは、「人間とは何か」「宇宙とは何か」ということに行き着くだろうということだ。いまの世を、僕は「散逸社会」と呼んでいる。大量の情報に翻弄され、大事なものを失い、本質から遠ざかっていく社会。それに対して、めざすは「収斂（しゅうれん）社会」だ。収斂社会とはどんな社会か。思い描くのは、園児から高齢者まで、自分のテーマを生涯探究し、成果を独占せず世に還元。自治体や国家は各自の研究を書籍購入費等で支援する。ベーシックインカムの教育版。すばらしいテーマは国家プロジェクトとして資金等援護していく。幼稚園児もよく見つめれば、ちゃんと自分のテーマを持っている。「あなたならどんな研究所をつくる？」というワークも講演でよくおこなう。みな個性的な研究所を考案できることも見えてきた。みんなが自身のＸを探究する。その代表者の集合体としての日本。１人１研究所社会コンセプトは半農半Ｘのように、輸出可能だろう。

info 研究所という名前でないが、「京都移住計画」で有名な田村篤史さんの株式会社ツナグムは「つなぐ」「つむぐ」のラボかもしれない。

79

1まち1研究所
日本のまちをもっとおもしろく

綾部には僕が「綾部3大研究所」と呼ぶ研究所がある。綾部が創業の地でいまも本社機能を置く株式会社グンゼ（創業時社名は郡是製糸）の「グンゼ研究所」。京都府の「畜産研究所（現在の京都府農林水産技術センター畜産センター）」。そしてNPO法人「間伐材研究所」（幹田秀和代表）だ。

あるとき、まち（市区町村）にも1つ、そのまちを代表するテーマを探究する研究所があればいいのではないかと思うようになった。世界連邦都市宣言第1号・綾部なら、「平和研究所」がいいかもしれないし、あってほしい。そのまちらしい研究所を持つ地はあるのか。そんなことを思うようになったとき、夫婦で東北へ天職観光

Q あなたのまちにどんな研究所があればいいですか？

[　　　　　　　　　　　　　　　　]

に行って出会ったのが、「鶴岡市クラゲ研究所」だ。世界一のクラゲの水族館で有名な山形県鶴岡市の加茂水族館のなかにあった「鶴岡市クラゲ研究所」という看板。経営難にあった水族館を救ったのは、クラゲだったと新聞で見て以来、いつか行きたいと思っていた。山形を走っているとき、急に思い出し、２０１８年夏、念願の水族館を訪問することができた。

北海道豊富町は「アトピーの聖地」と呼ばれる。町にはアトピー性皮膚炎にいいという豊富温泉があり、アトピーの方が移住する例もあるという。すでに行われているかもしれないが、たとえば、「とよとみアトピー研究所」とかあればと思う。

徳島県の鳴門市は鳴門の渦潮やなると金時などでも有名だが、個人的には何より四国巡礼の第1・第2番札所があり、「はじめの1歩の地」であると思っている。奈良県立図書情報館で「『自分の仕事』を考える3日間」というイベントがあり、働き方研究家・西村佳哲さんにゲストとして呼んでいただいたことがある。トークの際、会場からこんな質問があった。「はじめの一歩が踏み出せません」と。僕の回答は、「はじめの一歩をどうしたら踏み出せるか、研究しましょう。すると第一人者になるかもです」。鳴門市はぜひ、「はじめの1歩」もまちのテーマにして活かしてほしい。僕ならそんな研究所を提案するだろう。

info　京都新聞社の八幡一男さんが綾部支局長時代に新聞連載をされてきたグンゼ（郡是製糸）創業者の波多野鶴吉の生き方をまとめた本『郡是創業者　波多野鶴吉』（京都新聞出版センター、2021）が好評だ。

80

自由研究のまち
自由研究都市をつくる

小学4年ころ、日々の宿題（任意）として、「自由研究」というのあった。おもしろいネタに気づいたら、ノート等での研究のまとめを提出すると、1点ごとにシールがもらえ、教室の後部にグラフ掲示された。当時、全校生徒は60名ほどで我が学年は自分を入れて10名だった。自由研究をよく出す女の子がいて、競いあっていた。現在でも同じような取り組みをおこなう小学校もたくさんあるだろう。

未来のあるべき姿として、1人1研究所社会を僕は構想するようになった。自分のルーツを振り返ると、このことにルーツがあるのかもしれない。最近は小中学生もユニークな研究をしていて、論文を書く子どももいる時代。「博士ちゃん」（テレビ朝日）などのTVや京都大学の白眉プロジェクトも興味深い取り組みだ。市民が個々で、グループで、自由研究を大いにすすめているまちはどこかにないものか。

Q いま自由研究していること、マイブームは何ですか？

[　　　　　　　　　　]

そんなまちができないか。2022年、僕の中で生まれてきたことばが「自由研究のまち」「自由研究都市」だ。市長も市議も市職員も市民もみんな何かの研究を行っているまち。「研究テーマを各自が持ちつつ、終生、テーマ開発力」を大事にするビジョンを持つまち。

2021年4月から1年間、北九州市立大学地域共生教育センターで特任教員としてお世話になった。環境ESD演習の一環で、長崎県対馬市に2度、学生らと訪問した。大学がないという課題を持つ対馬。以前から研究者、学生の対馬研究を市が支援をしたり、対馬学という研究成果を発表する機会を毎年設けてきた。2020年からはオンライン「対馬グローカル大学」も開講されている。研究テーマ等は各年度、冊子にして公開されているが、北九大生3名と年度単位で公開されていた研究テーマを分野別にまとめたデータベース集をつくり、市に年度末、寄贈した。過去の研究や書籍なども加え、中高生が探究学習で、また対馬出身の学生や対馬に関心を寄せる学生、研究者がこれを見ることで、まだない視点を見つけたり、隙間を埋めていってくれたらと願う。綾部や福知山に関する研究はデータベース化されているだろうか。これは全国の小さな市町でも取り組んでいくべきテーマではないかと思う。

info　京都ペレット町家ヒノコの松田直子さんら「林業女子会＠京都」のみなさんは「木育」をテーマに「木育 A to Z」（2019）を作成した。A to Z 専用ＨＰで公開中。

81

セルフナレッジ×タウンナレッジの掛け算時代

タウンナレッジ

「人生100年時代」という考え方を世界にひろめたリンダ・グラットンとアンドリュー・スコットのベストセラー『LIFE SHIFT～100年時代の人生戦略』。本のなかにあった「自分についての知識」という小見出し、その表現に、はっとした。意外とこれをみんな知らないものかもしれない。これからの時代は「自分に関する知識（セルフナレッジ）」がいると僕も思う。自分に関する知識がある人のほうが、よいパフォーマンスが出せるというのは、アスリートを見ていても感じることなので、当然でもありながら、衝撃であった。

Q あなたが住むまちについて、ほっとけないことは何ですか？

[ ]

悟りにいたる10の段階を10枚の図と詩であらわした中国の「十牛図」というのがある。十牛図に詳しい仏教学者の横山紘一さんは、人生の目的に「自己究明」「生死解決」「他者救済」をあげる。「生死解決」は難しいことばだが、「自己究明」と「他者救済」はまさに半農半X的だと感じてきた。いま取り組んでいる「自分A to Z」はまさにセルフナレッジのためのツールだ。

僕はいつも自分A to Zとセットで、住んでいる地域のA to Zワークもおこなっている。最近、つくったことばが「タウンナレッジ」だ。まちについての知識。タウンナレッジが大事な時代はさらにやってくるだろう。セルフナレッジとタウンナレッジを育み、自分とまちを創造していく時代。それに力を入れていく。そんなまちも増えてくるだろう。「島留学」を進めてきた隠岐島の島根県立隠岐島前高校（海士町）では、まさにその2つを大事にした教育をおこなっている。茨城県では中学2年生を対象に「いばらきっ子郷土検定」を実施しているそうだが、そうした取り組みでもいい。東京の共立女子高校には「歩行部」という部活があるそうだ。街を歩き、街の魅力を知っていく。伝統もあって、人気のある部活という。自分自身の関心事も知り、周囲の他者にも配慮でき、まちの魅力や課題にも気を配る。大変だけどそれが幸せになるための秘訣である時代が来ている。

info　NHK「ブラタモリ」に何度も出演された京都高低差崖会崖長・梅林秀行さんの著書『京都の凸凹を歩く～高低差に隠された古都の秘密』（青幻舎、2016）もタウンナレッジ本だ。

82

ギフト100

伝えておきたい「影響を受けた100のものがたり」

本書は「残りの人生で書いておきたい本」の1つだ。役立てるかもしれない考え方、発展させてほしいコンセプトや考え方、試作品を計88個紹介したものである。小さな変革を試みる実験的な本、先鋭的な本となればうれしい。

「はじめに」でも触れたが、「残りの人生で書いておきたい本」がある。それは現段階では「ギフト100」と呼んでいる。これまでの人生で学んだ数々、これはぜひ次の世代にも手渡しておきたいものを100個集めた本だ。たとえば、20代の半ばころ、フェリシモの新人研修の一環で引率した際、アフリカ出身の方が話されたことばに僕は衝撃を受けた。それはアフリカのことわざ「お年寄りが1人亡くなるということは、図書館が1軒焼失するのと同じ」というものだ。このことばはぜひ

Q あなたが書き残したい本は何ですか？

［　　　　　　　　　　　　　　　　　　　　］

僕の「ギフト１００」に載せておきたい。このことばにより、「残りの人生で書いておきたい本」という発想が生まれたのかもしれないし、本書をつくるモチベーションにもなっている。もう書名もわからないが、ある本で読んだこんな話もその未来本では紹介したい。「ある友情　十二年の歳月を超えて届いた絵本」という題の短い話だ。12年前に亡くなった友人から絵本「桃太郎」が届く。友人は死を覚悟した病床にあって、親友の３歳の子どもに絵本を送ろうと思いつく。友の両親も亡くなっているので、誰が送ってくれたのだろう、というせつなくも美しい話だ。作家・宮内勝典さんが詩人・山尾三省さんとの対談集『ぼくらの知慧の果てるまで』のなかで話された「バリ島モデル」もすばらしいので加えたいと思っている。ギフト１００は僕だけでなく、世界的な動きにしたい。

講演の質疑の際、本の書き方を紹介することがあるので、ここでもその手法を書いておこう。ＰＣでＷｏｒｄを開き、横４枠、縦25行をつくる。計１００マスだ。そこに「これはぜひ伝えないと死ねない」という話やことばを１００個、自分で備忘録的にメモしていく。後日、それぞれの１００話について、４００〜８００字で文を書いていく。１００話を分類・再構成し、章立てを考えるというものだ。「１００出し発想法」と呼んでいるが、この手法はおすすめである。

info ギフトといえば、京都産業大学現代社会学部教授の鈴木康久さんは肉戸裕行さんとの共著で『京都の山と川―「山紫水明」が伝える千年の都』（中公新書）を2022年8月に出版された。これもすてきなギフトだ。

83

駒が「金」にかわるとき

「視点集」と「問い集」

ここまで80数個のコンセプト、考え方を紹介してきた。将棋の駒に例えると、王将とはいかないが、半農半Xという駒もあるし、使命多様性や物語数といった小粒の駒もある。藤井聡太さんの活躍を見ていて、将棋の駒からこんな発想をするようになった。将棋は8種類20枚の駒がある。敵陣に入ると、駒を裏返し、「金」にすることもできる。本書の88個のコンセプト、考え方という駒（ツール）も、時を経るなか、将棋の「金」のような力をもてる日も来るかもしれない。

前述の「コレクションは身を助く」（2章）でもすこし紹介したように、まだ目に見えての主だった活用はしていないが、コツコツと貯め続けているものがある。

Q みなさんのまちにはどんな問いがあるだろう？

［　　　　　　　　　　］

それは「視点」だ。集めてきた数々の視点を「視点集」と呼んでいる。たとえば、「雪月花という視点」「〝花は盛りに〟という視点」「潮時という視点」。以下、もう少し列挙することで、そのパワーを感じてもらえたらと思う。木火土金水（五行）／地水火風空／序破急／守破離／離見の見／鳥の目・虫の目／緊急と重要／ＳＷＯＴ／選択と集中／修行と創造／作務と自己探求／ハレとケ／一座建立／因縁無量／敬天愛人／則天去私／武農一如／茶禅一味／一物全体／身土不二／未病／ＧＮＨ／ＦＥＣ自給圏／Hand, Head, Heart／３Ｓ（Soil, Soul, Society）／Plain living, High thinkingなどなど。視点も貯まるとおもしろい。この視点集だが、だんだん活用の時が来ているのではとそんなことを思っている。視点が１００個、１０００個、１００００個と貯まっていくとき、成果が見えてくる。本書は「塩見直紀の視点集」といえるかもしれない。世界の約80億人の視点を生かし合う時代になればと思う。

「Ｌｏｃａｌ ＡtoＺ」や「アイデアブック—地域資源から新しいアイデアを生み出す問題集」に続いて、いま構想しているのが、「問い」をまちづくりに活かすミニブックだ。「答え」より「問い」が重要な時代と言われる。本書も実験的に88個の問いを下欄につけた。「まち独自の問い」を活かしたまちづくりブック、それが「問い×まちＢＯＯＫ」（仮称）だ。まちに眠る「問い」が新たな地域資源になる。

info　問いといえば、安斎勇樹さん・塩瀬隆之さん著の『問いのデザイン〜創造的対話のファシリテーション』（学芸出版社、2020）もいい本だ。

84

あるもので、この世にないものをつくる

21世紀のアルティジャナーレ

福武總一郎さんは「在るものを活かし、無いものを創る」といわれる。僕がめざしたいのもそこだ。言うは簡単だが、なかなかできるものではないが、それでもずっと考え続けていきたい。人類学者のクロード・レヴィ＝ストロースの「ブリコラージュ」というコンセプトは日本でもっと普通に使われる時代が来ればと思ってきた。ブリコラージュは「器用仕事」と訳されることもあるが、よく使われる例えをあげると、冷蔵庫等にある「ありあわせの食材」と「調味料」とで、レシピなしでおいしい料理を即興でつくるというイメージ。そういえば、里山ねっと・あやべ時代に、「21世紀の生き方、暮らし方を考えるためのあやべ田舎暮らし初級ツアー」を

Q あなたの手元にあるもので、世にないものをつくるなら？

［　　　　］

おこなった際、参加された調理師さんがこんなことを教えてくれた。冷蔵庫や畑にあるもの、収穫して常温保存されている食材と基本的な調味料（味噌、塩、しょうゆなど）があれば、おいしいものが何でもつくれますよ、と。

２０２１年３月、一人っ子である妻の故郷・山口県下関市に転居するにあたり、綾部の実家にあるものをいろいろ整理した。下関へ運んだものは最低限のものにしたが、以下のものは、「あるものでないものをつくる」ことを試みたい。例えば、ポストカード、封筒、文房具（鉛筆など）、ノート、便箋（いただきもの）、そして制作してきた各種 A to Z ミニブックやワークブックなど。読者のみなさんの余っているものと交換（美術家・藤浩志さんの「かえっこ」のように）もいいし、おもしろい活用アイデアがあれば、ぜひメールを。

安西洋之・八重樫文著の『デザインの次に来るもの―これからの商品は「意味」を考える』の中で、イタリアルネッサンス期の思想・行動様式「アルティジャナーレ」のことが書かれていた。アルティジャナーレとは「概念や世界観をつくる」＋「美の表現」＋「手を使って思索する」というものだ。以来、僕のなかにこのことばが住んでいる。めざす世界に限りなく近いイメージ。本書を手に取ってくださった方にとってもめざしゆく世界のヒントになる北極星のようなことばかもしれない。

info 京都・舞鶴の HALLELUJAH（ハレルヤ）は、質感にこだわったハンドメイドのリネンの服をつくり、リネン雑貨・陶器をセレクト販売している。「100年後の羊飼いの服」はつれあいのお気に入りの服だ。

85

コンセプトリーダーシップ
遭難しないことば

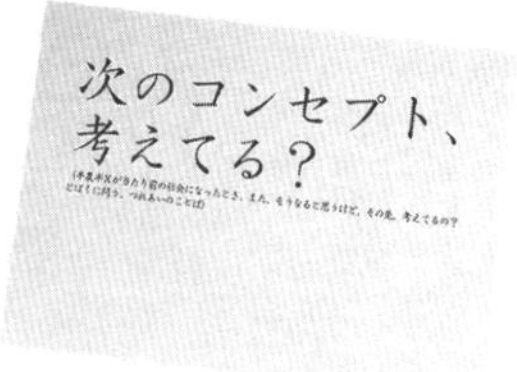

次のコンセプト、
考えてる？

2010年ころだろうか、地域おこし協力隊の研修か何かで、半農半Xの話をしたあとの質疑の時間に、兵庫県のとある市の担当者が「塩見さんがめざすリーダー像は？　リーダーシップとは？」といったことを尋ねられた。その時、とっさに答えたのが「コンセプトリーダーシップ」だ。自分はリーダーになるとか思ったことはないが、めざしていることがあるとしたら、コンセプトによるリーダーシップ。リーダーはすぐれたコンセプトの提示が重要だということ。コンセプト（方向性を示す短いことば）がリーダーのかわりになる、という考えを話した。ことばの精度が

Q 本書を読む中であなたの中に生まれたことばやコンセプトは？

［　　　　　　　　　　　　　　　　　　　　　　　　］

悪いと、クルーは目的地を前に溺れてしまう。たどり着きたいと思う理想の地が見えない。目的地が創造されていない。言語化されず、未来が共有されていない。ことばの力が落ちている。それがいまという時代なのだろう。

フェリシモ時代、2000年頃のアメリカでの話として興味深い事例を知った。それは米国の経営者はビジョンが作れるが、ミッションを与えられることに慣れている社員（管理層）は、誰もビジョンを自ら作れない。そのことへの危機感から、ビジョンメイキングの教育がなされるようになったという。

「いつの世、どこの国でも詩人や画家はその作品のどこか一面、一部分にせよ、時代を抜きんでた前衛（アヴァンギャルド）たるところがなければ、結局、彼は古典となりえず、後世に残ることがないように思われる」。与謝蕪村などに詳しい芳賀徹さんのことばで、「好きなことばベスト10をあげよ」と言われたら、ぜひ入れたいことばだ。

本書は僕のオリジナルのコンセプトや考え方を集めたものだが、88のうち、半○半X（2章）とマニアックゾーン（4章）とアルティジャナーレ（6章）だけ、他者の知恵を借りたことばとなっている。この本は今後も使ってもらうための道具集であると思っているので掲載を決めた。

info　ジャパンライフデザインシステムズの谷口正和さんの本はフェリシモ時代からたくさん読み、影響を受けてきた。京都市立芸術大の博士後期課程の際、谷口さんのライフデザインブックス新書『文化と芸術の経済学』（2016）という本も拝読させていただいた。

86

ことばで世界をデザイン

僕にできること、これからもおこなうこと

講演の際、「塩見さんのエックスは?」と問われることは多い。そんなときは、「半農半Xを伝えること」「個人から市町村までのミッションサポート」と表現してきたが、この5年ほどは「ことばで世界をデザイン」としている。半農半Xや1人1研究所社会、天職観光といった今後の方向性を示す短いことば、コンセプトを世に提示するのが、もっとも自分を世に役立てられると思っている。自分が最も世に貢献できるのは、長文より、短い文、コピー、造語に近いのかもしれない。1000字より100字、100字より10字だ。米国の社会学者タルコット・パーソンズのこ

Q あなたは何(分野、テーマなど)で世界をデザインしたいですか?

[ ]

とばらしいが、「コンセプトとはサーチライト」だそうだ。「兼業農家というサーチライト」では照らせなかったが、「半農半Xというサーチライト」により、新たに照らし出せた大事なことがあったかもしれない。この「コンセプトとはサーチライト」について関心がある方は、以下の３冊、高根正昭『創造の方法学』、苅谷剛彦『知的複眼思考法』、山田壮夫『コンセプトのつくり方』が参考になる。

フェリシモ時代、尊敬する先輩から、「塩見君はことばがいい」という何気ないコメントをもらい、勇気づけられた。僕は「80対20の法則」を信じている。不良品の80％は20％の原因から生じる。売り上げの80％は20％の営業マンの成果。20％のことに集中するほうが80％の成果を得られるなど、いろいろ応用される考えだ。五十数年間、生きてくるなかで、やはり僕にとっては、ことばに関することが社会貢献となるのではと思うのだった。何でもそうだが、功罪がある。本書では、いいと思ったコンセプト、考え方だけを選んで、活用していただけたらと思う。コロナ禍の２０２０年12月の55歳段階、いままで考えてきた塩見直紀製の主だったコンセプト26個を20代、30代と年代順に分類してみた。すると、結果は以下の通りだった。「20代＝１」「30代＝９」「40代＝12」「50代前半＝４」。20代とあるのが半農半X。半農半Xは若気の至りといえるかもしれない。

info 京都生まれのコンセプターとして、あげたいのが、ライフスタイルプロデューサーの浜野安宏さんだ。東急ハンズのコンセプトをつくった人。浜野さんは戦争中、綾部の由良川近くに疎開。本に書かれていて、驚いた。里山ねっと・あやべの設立記念総会で講演してほしいとラブレターを書いた。

87

コンセプト輸出国

新概念創出とソーシャルデザインと

1991~92年ころ、新概念創出力とソーシャルデザインということばに出会い、とてもひかれた。あれから30年。本書は新概念創出力を高めたいと願うなかで生まれたミニ作品集だ。今回、この本を編む中で感じたのは、過去の作品集というより、これから出番が来るものも意外と多いのかもしれないということだ。30年という長い時間、インスパイアしてくれることばに出会えたことを感謝したい。

「コレクションは身を助く」でも書いたが、すぐれたコンセプトについてもことば貯金してきた。アルビン・トフラーが『第三の波』(1980)で提示した「プロ

Q これからの時代の生き方、暮らし方、働き方を一言でコンセプトにすると?

[ ]

シューマー」もそんな1つだ。フェリシモに入社し、会長から教わったのが、情報学者・増田米二の『機会開発者』（１９８９）とロバート・ライシュの『ザ・ワーク・オブ・ネーションズ』（１９９１）にある「シンボリック・アナリスト」という概念だ。竹村健一さんも影響を受け、『ＳＡ シンボル・アナリストの時代』（１９９２）という本を書いている。リチャード・フロリダは『クリエイティブ資本論』（２００８）で「クリエイティブ・クラス」という始まっている未来の人類像を表現した。

こうした概念を並べてみて、感じたのは、都会発のコンセプトがやはり多いということだ。イギリス発のコンセプト「社会起業家」を日本に伝えた町田洋次さんは20年以上前にこんなことを述べている。「イギリスの優れているところは、新しく始まった先端現象を、世界の誰よりも早くコンセプトにまとめて世界に売っているところだ。日本もこうした知的な活動に学び、日本流をソフトウェアにまとめて、日本のやり方を世界に売る発想が必要である」と。そういえば、「社会的処方」もイギリス発だ。三谷宏治さんが『経営戦略全史』（２０１３）のなかで、マーケティングコンセプトに関してはアメリカ発が中心で、「ブルー・オーシャン」はヨーロッパから久しぶりのヒットコンセプトだったと書いている。コンセプトの開発と輸出。僕には今後も興味深いテーマだ。

info　スモールビジネス女性起業塾に来ていただいた谷亮治さん（京都市まちづくりアドバイザー）の「モテるまちづくり」もすてきなコンセプトだ。（『モテるまちづくり―まちづくりに疲れた人へ。』（まち飯叢書、2014）と続巻『純粋でポップな限界のまちづくり―モテるまちづくり２』（同、2017）もすばらしい。

88

過去というより未来が書かれた本を

未来の問題集

3章の「本がお土産のまち」で紹介した拙著『綾部発　半農半Xな人生の歩き方88』（2007）は半農半Xな綾部人を88人、見開きで1人ずつ紹介する本だった。15年前に書いたその本では88人目に紹介する人を誰にしようかと迷ったあげく、「本を読んでくれたあなたのために空席にしておきます」とした。読者が綾部に移住したり、農を始めたりするかもしれない。そんな希望を込めて余白、今風に言え

Q　あなたが本書でよかったと思うキーワードベスト3を教えてください。できれば、メールをいただけたらうれしいです。▶ conceptforx@gmail.com（塩見直紀）

［　　　　　　　　　　　　　　　　］

ば、「関わり代」としたのだった。

さて、この本のラスト88個目はどんなコンセプトで終えよう。アイデアとしては2章の「エックス・ミーツ・エックス」もいいかなと思っていた。本書を手に取ってくれたあなたと何かできないかと思っているのだから。しかし、この本はおもに20代以降の思索から生まれたものを時系列的に並べたものなので、6章に「エックス・ミーツ・エックス」を入れるのは違和感もあった。

この本をつくっているときに、「過去のことを書いた本というよりは、未来のことが書いてある本」ということばが浮かんだ。第4章で「アイデアブック―地域資源から新しいアイデアを生み出す問題集」【福知山編】、【全国市区町村編】を紹介した。これらをつくったときに感じたのは、僕らは受験で「過去問」ばかりやってきて、未来のことをやっていないのではないかということだった。大学という組織は、過去の分析には強いが、未来には弱いと言われる。たいていそういうものなのだろう。「過去問」を超える。そこで浮かんだのが「未来の問題集」ということばだ。本書を読んだ方が、「あれ、これは未来のことが書かれている」と誰か1人でも感じてくれたらうれしい。大げさだが、この本のなかに未来のキーワードが1つでも眠っていたらうれしく思う。

info 山田啓二京都府知事時代から、「海の京都」「森の京都」「お茶の京都」というキャンペーンをはじめた。「コンセプトの京都」もぜひいつかおこなってほしいと思っている。

第6章　参考文献

今泉浩晃『生き方をデザインする〜軽やかな自己実現のための方法論』実務教育出版、1988
今泉浩晃『自分さがしの大冒険—あなた色のストーリー』日本能率協会、1990
東京藝術大学 Diversity on the Arts プロジェクト『ケアとアートの教室』左右社、2022
原広司『集落の教え100』彰国社、1998
原研哉『日本のデザイン—美意識がつくる未来』岩波新書、2011
千葉雅也『現代思想入門』講談社現代新書、2022
岩井俊雄『アイデアはどこからやってくる？—14歳の世渡り術』河出書房新社、2010
網野善彦・宮田 登『歴史の中で語られてこなかったこと—おんな・子供・老人からの「日本史」』朝日文庫、2020
小崎哲哉『現代アートとは何か』河出書房新社、2018
藤原辰史『トラクターの世界史—人類の歴史を変えた「鉄の馬」たち』中公新書、2017
藤原辰史『縁食論—孤食と共食のあいだ』ミシマ社、2020
藤原辰史『食べるとはどういうことか—世界の見方が変わる三つの質問』農山漁村文化協会、2019
八幡一男『郡是 創業者 波多野鶴吉』京都新聞出版センター、2021
リンダ・グラットン、アンドリュー・スコット『LIFE SHIFT—100年時代の人生戦略』東洋経済新報社、2016
梅林秀行『京都の凸凹を歩く—高低差に隠された古都の秘密』青幻舎、2016
宮内勝典、山尾三省『ぼくらの知慧の果てるまで』筑摩書房、1995
鈴木康久・肉戸裕行『京都の山と川—「山紫水明」が伝える千年の都』中公新書、2022
安斎勇樹・塩瀬隆之『問いのデザイン—創造的対話のファシリテーション』学芸出版社、2020
安西洋之・八重樫文『デザインの次に来るもの—これからの商品は「意味」を考える』クロスメディア・パブリッシング、2017
谷口正和『文化と芸術の経済学』ライフデザインブックス新書、2016

高根正昭『創造の方法学』講談社現代新書、１９７９
苅谷剛彦『知的複眼思考法―誰でも持っている創造力のスイッチ』講談社＋α文庫、２００２
山田壮夫『コンセプトのつくり方―たとえば商品開発にも役立つ電通の発想法』朝日新聞出版、２０１６
アルビン・トフラー『第三の波』日本放送出版協会、１９８０
増田米二『機会開発者―21世紀情報社会の生活者像』ＴＢＳブリタニカ、１９８９
ロバート・ライシュ『ザ・ワーク・オブ・ネーションズ―21世紀資本主義のイメージ』ダイヤモンド社、１９９１
竹村健一『ＳＡ　シンボル・アナリストの時代―会社を蘇生させるのは「個人の知恵」だ』祥伝社、１９９２
リチャード・フロリダ『クリエイティブ資本論―新たな経済階級の台頭』ダイヤモンド社、２００８
三谷宏治『経営戦略全史』ディスカヴァー・トゥエンティワン、２０１３
谷亮治『モテるまちづくり―まちづくりに疲れた人へ。』まち飯叢書、２０１４
谷亮治『純粋でポップな限界のまちづくり―モテるまちづくり２』まち飯叢書、２０１７

発想広げる塩見式「自己紹介」術

文・石﨑立矢（京都新聞社読者交流センター長）

この本の執筆が最終段階となった2022年6月、「京都発の思考ツールを体験しよう」と題したイベントが京都新聞社（京都市中京区）であり、市民45人が参加しました。参加者の注目を集めたのは、本書の筆者、塩見直紀さんの「自己紹介は地球を救う」という言葉。書籍原稿にあるさまざまな思考ツールを使った自己紹介で交流し、発想を広げました。

イベントは、京都新聞の紙面や出版物と、地域や社内の人材、講座・事業を掛け合わせて展開する「京都新聞ニュースカフェ」の一環。京都府綾部市出身の塩見さんは、京都新聞・丹後中丹版の随筆欄「風土愛楽」に2014年4月～21年3月、26回にわたって連載し、地域で親しまれました。

ロシアのウクライナ侵攻が続き、日々報道されている時期でもあり、また身近な地域では孤立、孤独が社会問題となる中で、「自己紹介は地球を救う」は、参加者の心を捉えました。

この言葉は、本書にも登場します。

戦争のさなか、戦う相手と向き合い自己紹介をして、愛する家族のこと、夢は何か、などを聞けば戦う意欲がなくなるかもしれない。地域での人々の関係性に当てはめ、「深い自己紹介がたくさん生まれる街。そんな世の中にしたい」と塩見さんは呼びかけました。

ただ、人々や環境といった地域資源の置かれている現状は、トランプの「神経衰弱」ゲームのよう。カードが裏向きで、符合する2枚を当てる楽しみはあるが、どこに何があるのか分からない。「逆に、すべて表向きにして、誰もが見え、自由に組み合わせられるように」。そのための手法として、アルファベットの26文字を自己紹介や問いかけに使う「A to Z」をはじめ、さまざまな思考ツールを例示しました。

イベントでは参加者全員が、塩見さんの問いに答えるかたちで自己紹介しました。

お題は二つ。「大好きなことや気になるテーマを三つ、掛け合わせてください」「自分の研究所をつくるとしたら、どんなことをテーマに

執筆最終段階の本書の内容をもとに話す塩見さん（中央左）＝2022年6月、京都新聞社

しますか？」

参加者たちはじっくり考え、一言ずつ披露。三つの関心事の掛け合わせでは、「エンタメ×心理学×ＩＣＴ」「学校教育×まちづくり×上を向いて笑おう」「着物市場の行く末×幸せ×不易流行」「食×自然×笑い」「まち歩き×寄り道×面白いこと」…。１人１研究所も、「まちの気に掛け合い研究所」「身近なお気に入りのシェア研究所」「京都で感じる多国籍なもの、こと、暮らし研究所」・「誰もがそこに行けばリラックスできる空間研究所」など、さまざまな答えが出ました。

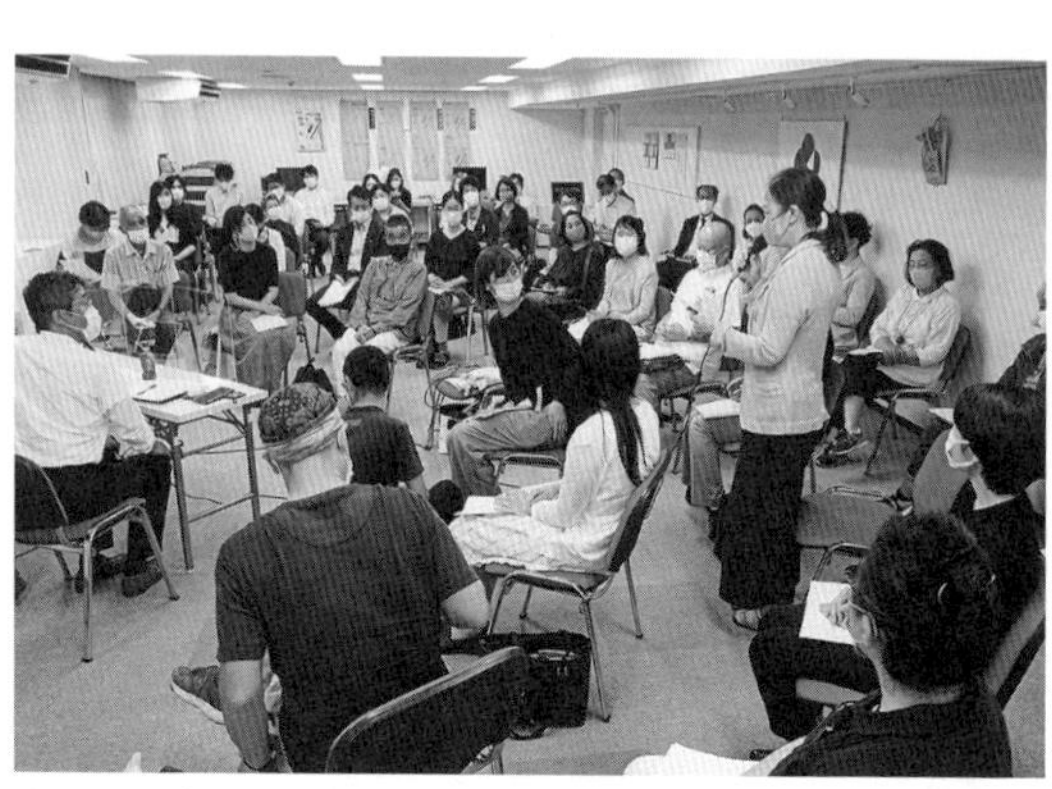

塩見さん（左端）の進行で、各自の「自分の研究所」を披露する参加者たち

思わぬ組み合わせに驚きの声が上がり、関心の似た人同士が言葉を交わして交流する姿も見受けられました。出版までの半年間に、この時に出会った初対面の人同士が共同で実現したプロジェクトもあります。

「それぞれの研究所を育てていってほしいし、人と人の『Ｘ』同士の掛け算が広がればいい」と呼びかける塩見さん。「人々の表現する力を、互いの自己紹介にもっと生かしたい。『誰一人取り残さない』というところに通じる」。ＳＤＧｓ（持続可能な開発目標）や、孤立がきっかけとなる疾患や医療の問題を地域のつながりによって解決するとして注目される「社会的処方」にも生かせる、と、本書に盛り込んだ数多くの自己紹介ツールの活用に期待を込めます。

●ワーク①「自分の型（かた）」とは？

下記のA～Cに、大好きなことや得意なこと、気になるテーマ、人生のテーマなど、キーワードを３つ、自由に記入してください。分母には活動舞台、まち・むらなどフィールド名、地名を書いてください。例　具体的な市町村、地域・集落・故郷名。２拠点でも可。

A（　　　　　）×B（　　　　　）×C（　　　　　）

活動舞台（　　　　　）

●ワーク②-1　自分ＡｔｏＺ　（名前＝　　　　　）ＡｔｏＺ

自分のキーワード（大事なもの・こと、大好きなこと、得意なこと、気になるテーマ、ライフワークなど、30～50書いてください。（英語でも日本語でも可）　例　A＝アート、H＝百名山、S＝写真、T＝短歌　Y＝ヨガ

A	B	C
D	E	F
G	H	I
J	K	L
M	N	O
P	Q	R
S	T	U
V	W	X
Y	Z	

●ワーク②-2　ＡｔｏＺを使ってやってみたい、できそうなテーマ

1　AtoZ	2　AtoZ
3　AtoZ	4　AtoZ

●ミニワーク③　自分の研究所をつくるなら

自分の研究所をつくるとしたら、どんなことをテーマにしますか？　上記の３つのキーワードを融合させ、よいネーミングを考えてみてください。参考例　今回の講師は半農半X研究所が屋号です。テーマが２つあるときは、AとBの研究所、３つあるときは、AとBとCの研究所という表現で。地名＋テーマにするとぐっと絞った研究所になります。

（　　　　　）研究所

●ミニワーク④　人生で叶えたいこと

1回きりの人生。人生で叶えたいことを自由に８つ書いてみてください。例　電気の自給、88カ所めぐり

2	3	4
1	人生で叶えたいことは何ですか？ ８つ書いてください	5
8	7	6

塩見さんがイベントで使ったワークシート

あとがき

2021年3月26日、京都新聞丹後中丹版の随筆欄「風土愛楽」に、「旅立ち」というタイトルの拙文が掲載された。「4つの旅立ち」について書いたものだ。1つは福知山公立大学2期生（ゼミ生12名）の卒業式のこと。2つ目は公立大の特任教員5年任期がやってきたことのご報告。3つ目は7年間、書かせてもらってきた本欄執筆の辞退を申し出たことについて。そして4つ目はこの日、故郷・綾部に別れを告げ、一人っ子である妻の故郷・山口県下関市に出立したこと。転居は今後の人生を家族優先とし、苦渋の決断だったのだが、拙文を読んで、驚いた方もあったかもしれないこと、おわびしたい。当時、綾部支局長だった澤田亮英さんが、できたばかりの「綾部グッドデザインA to Z」という小冊子の紹介記事にあわせ、突然の転居をフォローする記事を同4月に書いてくださった。

関門海峡まで徒歩10分くらいの地である下関市に住むようになり、もうすぐ2年となる。海を行き交う船の汽笛は里山に暮らしてきた者には新鮮だ。1日に4度、潮の流れを「東向き」「西向き」に変える潮流に地球の不思議さを感じる。コロナ禍ということもあり、人生を振り返ったり、未来を思索する時間もたっぷりある日々。ある日、ふとひらめいたのが、人生の大半を過ごしてきた京都で生まれたコンセプトや思索を時系列でまとめた本がつくれないかということだった。本書を書き終えたいま、とてもしあわせを感じている。それはそうだろう。こんなわがままな本が世に出せるのだから。大事な人を想定して本を書くのか。それとも、自分が読みたい本を書くのか。僕の場合は「これから自分が読みたい本」「若いころの自分が読みたかった本」を書きたいと思っている。それがみなさまにもお役にたてばうれしいのだが。

マニアックな本だが、出版企画会議を突破させ、本書の創出に尽力くださった京都新聞出版センターの松本直子さんにお礼を言いたい。この本を出せる出版社は世にないだろう。丹後の支局長時代、連載エッセイ欄「風土愛楽」を発案された石﨑立矢さんには書くステージを創出いただいたことで、間接的に文を磨く役となった。本書誕生の援護にも感謝したい。拙文を毎回チェックするという苦痛を味合わせてしまった歴代の綾部支局長にもお礼を言いたい。過去に半農半Xや里山ねっと・あやべ、AtoZなど取材いただいた多くの記者の方々、本書に登場の皆様にも感謝申し上げます。ありがとうございました。

「New Concept & Social Design」。メールの署名機能にこんなことばを添えている。思い返せば、1991〜92年ころに出会った「新概念創出力」と「ソーシャルデザイン」という2つのことばが30年経っても僕を支えていることに自分でも驚いている。おそらく、終生、僕はこれを追いかけていくだろう。

京都は坂井直樹さん、谷口正和さん、浜野安宏さん、松岡正剛さんといった稀有なコンセプターも生んできた。本書はそうしたコンセプトの達人にインスパイアされたから生まれたともいえる。本書を先人に捧げつつ、日本を、世界を変える次代のコンセプターが京都から、日本各地から生まれることを祈っている。

関門海峡から「本というボトルレター」をそっと流し、
いつの日か誰かに届くというイメージを胸に

塩見直紀

［著者プロフィール］

塩見 直紀（しおみ・なおき）

半農半X研究所代表、総務省地域力創造アドバイザー。1965年京都府綾部市生まれ。京都市立芸術大学大学院美術研究科（メディア・アート領域）博士後期課程単位取得退学。美術博士。90年代半ばころより、21世紀の生き方、暮らし方として、「半農半X」コンセプトを提唱。著書共著に『半農半Xという生き方【決定版】』（ちくま文庫）、『半農半X〜これまで・これから〜』（創森社）など。訳書は台湾、中国、韓国、ベトナムにもひろがる。めざすは「ことばで世界をデザイン」で、「1人1研究所社会」「天職観光」「Local AtoZ」も提唱。ひとや地域の魅力等を古典的編集手法でまとめる「Local AtoZ」プロジェクトや「未来の問題集」（アイデアブック「地域資源から新しいアイデアを生み出す問題集【市区町村編】」）など、「人や地域のXの可視化」をめざすローカルメディア、教材開発もおこなう。2021年春より、妻の故郷・山口県下関市に移住。里山暮らしから海峡暮らしに。

- 塩見直紀メールアドレス　conceptforx@gmail.com
- 塩見直紀 note（Daily Bottle Letter from 関門海峡）　https://note.com/shiominaoki
- フェイスブック　https://www.facebook.com/xforshiomi.naoki
- AtoZ 専用サイト　https://atozconcept.net/
- アイデアブック専用サイト　https://ideabookconcept.net/

「自分AtoZシリーズ　塩見直紀AtoZ」表紙
（本文頁抜粋は次頁に掲載）
https://atozconcept.net/shiominaoki/

MESSAGE

いまからちょうど10年前の2007年12月7日、
「AtoZ研究所」というブログを立ち上げました。

世界のAtoZ事例を収集し、
自分AtoZ、住んでいるまちや村のAtoZを、
自分のテーマのAtoZをつくってもらうための
ヒントを提供したいという願いから、
ぼくはこのAtoZという発想法、編集手法に
可能性を感じているのです、と書いています。

あれからいろいろなテーマをAtoZにしてきました。*

今回はいつか試みてみたかった
「個人版AtoZ」ミニブックをつくってみました。
まずは隗より始めよ、ということで、塩見直紀編です。

ぼくはみんなが自分のAtoZをつくって
自身のキーワードを世に活かし合う世界をイメージしています。

それぞれがAtoZ手法で、X（エックス）の見える化を試みれば
まちが、何かが変わっていくと思うのです。

※半農半XのこころAtoZ（『半農半Xの種を播く』）・ローカルビジネスのこころAtoZ（『ローカルビジネスのつくり方問題集』）・綾部AtoZ（『AtoZが世界を変える!』）・鬱知原自治会AtoZ（同）・農家民宿AtoZ（福知山公立大学2年生と）・福知山グッドデザインAtoZ（同）・福知山マラソンAtoZ（同3年生ゼミ）・地域観光AtoZ（同1年生）・地域……

ABOUT

SHIOMI NAOKI
塩見直紀

1965年、京都府綾部市生まれ。33歳を機に、綾部へUターン。フェリシモを経て、2000年、「半農半X研究所」設立。「半農半X」コンセプトを20年前から提唱。著書は台湾、中国、韓国でも出版され、海外講演も。ライフワークは個人から市町村までのXの応援とコンセプトメイク。綾部ローカルビジネスデザイン研究所、京都府北部地域「スモールビジネス支援起業塾」代表。福知山公立大学地域経営学部特任准教授、総務省地域力創造アドバイザー。

- 1965 京都府綾部市生まれ
- 1979 中学時代から写真を撮り始める（自宅で白黒現像も）
- 1985 伊勢へ（皇學館大学文学部国史学科入学）
- 1989 株式会社フェリシモ入社（人材教育部、ソーシャルデザインルームなど）
- 1990 結婚
- 1999 33歳を機に綾部へUターン（会社卒業）
- 2000 半農半X研究所設立、里山ねっと・あやべ立ち上げに参画
- 2002 『青年帰農』（農文協）で半農半Xについて初めて論述
- 2003 『半農半Xという生き方』上梓
- 2006 台湾版出版（台湾初講演は2009年）
- 2013 中国版出版（中国初講演は2014年）
- 2016 福知山公立大学（地域経営学部）特任准教授に
- 2016 駿台大学大学院政策学研究科（1年修士コース）へ
- 2017 京都市立芸術大学大学院美術研究科（博士後期課程）へ

CONTENTS

- A AYABE 綾部&大本、出口王仁三郎
- B BOKOU 母校&里山ねっと・あやべ
- C CONCEPT コンセプト&コンセプトメイク
- D DAUGHTER 娘・雛子
- E ECOLOGY エコロジー（環境問題）
- F FELISSIMO フェリシモ
- G GRANDMOTHER 祖母
- H HANNOUHANCYO 半農半著&星川淳さん
- I IROKOIZOKU イロコイ族（7世代後という思想）
- J JYOHO 情報発信
- K KOTOBA ことば&書くこと（紙とペン）
- L LONG 長く続けていること
- M MOTOISE 元伊勢&伊勢
- N NOU 農
- O OPEN SOURCE オープンソース
- P PUBLISHING 半農半Xパブリッシング&本をテーマにしたまちづくり
- Q QUEST クエスト（自己探求）
- R REKISHI 歴史
- S SENSE OF WONDER センス・オブ・ワンダー&写真
- T TEACHER 先生（父、教育）
- U UCHIMURA KANZO 内村鑑三&後世への最大遺物（33歳→人生の転換点）
- V VISION ビジョンメイク
- W WIFE ワイフ（つれあい公子さん）
- X X エックス
- Y YONJYUNI 42歳（母の帰天の年齢→人生の転換点）
- Z ZAYU 座右の銘

A AYABE

綾部&大本、出口王仁三郎

昭和40年（1965）4月、京都府綾部市生まれ。綾部といえば、「大本（教）」（明治25年、1892）と「グンゼ（郡是製糸）」（明治29年、1896）です。わが家は真言宗で、ぼくはアニミズム志向で、特定の宗教への偏りはありませんが大本の「万教同根」の考え、共鳴します。出口王仁三郎さんは巨人！

B BOKOU

母校（旧豊里西小学校）&里山ねっ……

母校の豊里西小学校が1999年3月、閉校に。小さな小学校で同級生は9名、在学時、全校生徒60名ほどでした。母校の跡地を活かして、2000年、都市農村交流や移住促進をおこなう里山ねっと・あやべが誕生し、初代スタッフに。そこでツーリズムや農家民宿、都市への情報発……

C CONCEPT

コンセプト&コンセプトメ……

20代のころ、「新概念創出能力」という言葉に出会い、以来、コンセプトについて、コンセプトメイクについて関心をもってきました。アメリカの社会学者タルコット・パーソンズによると、コンセプトとはサーチライトだそうです。ぼくのめざすところ……

D 娘・雛子

25歳で結婚したのですが、7年目に娘・雛子が誕生しました。食にはこだわってきましたが、農を始め、田舎に暮らし（綾部～京都通勤）、食を完全雑穀料理にしたらすぐに授かり、びっくり。この方向でいいと、娘が教えてくれたように思います。いま、明治大学農……

E エコロジー（環境問題）

バブルの頂点である平成元年にカタログ通販会社フェリシモに入社。早くから環境問題に取り組む会社であったことから、持続可能な生き方、暮らし方、働き方を考えるようになり、半農半Xというコンセプトが20代のときに誕生しました。半農半Xはフェリシモとの出会いが重要なファクターとなります。

F フェリシモ

フェリシモは採用試験もユニークで、会社説明会後、A4サイズの20頁の白いノートをもらい、1週間以内に世界で1つの「自分カタログ」をつくり、提出した人だけ、試験を受けることができます。同期や先輩には芸大出身も多く、創造人材の才能に驚きました。アイデアを出せることが20代以降の大きなテーマになりました。

G GRANDMOTHER

祖母

母が小学4年のときに帰天し、4つ上の姉とぼくを祖母が育ててくれました。祖母は本が好きで、文を書くのも好きでした。祖母の畑仕事やお風呂を焚く姿を見て育ちました。昔の知恵に関心をもつようになるなど、大きな影響を受けたように思います。

H HANNOUHANCYO

半農半著&星川淳さん

20代のとき、環境問題に出会い、持続可能な生き方、暮らし方を模索。いろんな本を読むようになりました。屋久島在住の作家、翻訳家の星川淳さんの著書群も重要なものでした。星川さんが自身のライフスタイルを「半農半著」と言っておられて、これだと思い、そこから半農半Xというコンセプトが誕生したのです。

I IROKOI

後世
7世代後
将来世代

イロコイ族（7世代後という思想）

20代のとき、のちの人生に大きな影響を与える大事なキーワードにたくさん出会いました。時間軸系の「後世」「7世代後」「将来世代」の3つです。NHKの正月特集TVでネイティブアメリカン「イロコイ族」のことを紹介していて、そこで「7世代後」という考え方を知り、ショックを受けました。

J 情報発信

半農半X研究所のHPは2000年4月に開設。同年5月、里山ねっと・あやべのスタッフになり、綾部からの情報発信にも力を入れてきました。そのころ、「情報発信のないところは滅びる」という言葉に出会います。2001年から里山ねっとでもHP発信。情報発信も最後は哲学勝負と感じています。

K KOTOBA

ことば&書くこと（紙とペン）

無人島に何か持っていけるなら、紙とペンです。これがあれば、しあわせ。子どもの頃から文房具屋さんは大好きです。詩は書いたこともありません。1000字より100字、100字より10字、10字より1字での表現が好きです。朝3時に起きる生活をしてきて、朝（天使の時間）、インスピレーションを紙に置けたら最高です。

幸せは
安定と冒険の
バランスで決

L LONG

長く続けていること

長く続けてきたことの1つに「言葉貯金」があります。大学4年のとき、教育学の先生の影響で本が好きに。いい言葉もたくさん紹介してもらい、以後、ノートに書き留めてきました。いまではPCに入力し、本やフェイスブックなどで紹介中。また、言葉貯金から福知山公立大学の授業でも冒頭5つ紹介しています。

M MOTOISE

元伊勢&伊勢

初詣には父が、綾部のお隣の大江町（現福知山市）にある元伊勢（外宮・内宮）によく連れていってくれました。そうしたこともあってか、大学4年間は伊勢で過ごすことに。つれあいとも伊勢で出会いました。伊勢は第2の故郷です。数年前、母校の大学で講演の機会をいただきました。

N NOU

農

環境問題の本を読む中で、農への関心も高まってきました。専業農家になる自信もなく、またそうなっても世界の問題が解決しないし、でも、「農ゼロ」では危険な時代。そう思っていたので、半農となりました。妥協の産物ですね。自給農は阪神大震災の翌年から。もう20年も経っています。

O OPEN SOURCE

オープンソース

オープンソースという考え方に出会い、大きな影響を受けました。2002年の『青年帰農』（農文協）では、半農半Xコンセプトは独占物ではなく、「みんなのコンセプト」と宣言しています。極度の私有の時代を超えて、新しい時代をつくっていけたらと願っています。

カバーデザイン、イラスト　數間 幸二（カズマキカク）

塩見直紀の京都発コンセプト88
半農半Xから1人1研究所まで

発行日　2023年3月6日　初版発行
著　者　塩見　直紀
発行者　前畑　知之
発行所　京都新聞出版センター
〒604-8578　京都市中京区烏丸通夷川上ル
Tel. 075-241-6192　Fax. 075-222-1956
https://www.kyoto-pd.co.jp/book/

印刷・製本　株式会社京都新聞印刷
ISBN978-4-7638-0769-4　C0095